东南土木·青年教师·科研论丛

施工现场安全风险预测新方法

吴伟巍 著

项目基金资助：

国家自然科学基金（51008073）

江苏省自然科学基金（BK2011609）

江苏省高校优势学科建设工程

东南大学出版社

·南京·

内 容 提 要

　　建筑施工作为高风险行业,施工现场安全事故的发生对社会经济、人民生活和自然环境都将产生重大的影响。国内外的研究人员和从业人员一直都在研究如何降低施工现场的安全风险,但是似乎一直没有找到从根本上解决这个问题的方法,建筑业施工现场的安全事故一直困扰着建筑业。识别事故发生前可能的前馈信号具有提高安全绩效的巨大潜力,许多组织已经开始研究如何确定事故前馈信号的程序和方法,并且已经从中获益。本书就是从建筑业施工现场前馈信号的视角,建立针对施工现场安全危险源的前馈信号进行实时监控、对安全风险进行实时预测的方法。

　　本书可供施工现场安全风险相关研究人员和施工安全从业人员参考使用。

图书在版编目(CIP)数据

　　施工现场安全风险预测新方法/吴伟巍著. —南京:
东南大学出版社,2013.12
　　(东南土木青年教师科研论丛)
　　ISBN 978 - 7 - 5641 - 4656 - 6

　　Ⅰ. ①施… Ⅱ. ①吴… Ⅲ. ①建筑工程—施工现场—安全管理　Ⅳ. ①TU714

　　中国版本图书馆 CIP 数据核字(2013)第 278958 号

施工现场安全风险预测新方法

著　　　者	吴伟巍
责任编辑	丁　丁
编辑邮箱	d. d. 00@163. com
出版发行	东南大学出版社
出 版 人	江建中
社　　　址	南京市四牌楼 2 号(邮编:210096)
网　　　址	http://www. seupress. com
经　　　销	全国各地新华书店
发行热线	025—83790519　83791830
印　　　刷	兴化印刷有限责任公司
开　　　本	787 mm×1 092 mm　1/16
印　　　张	9
字　　　数	220 千
版　　　次	2013 年 12 月第 1 版　2013 年 12 月第 1 次印刷
书　　　号	ISBN 978 - 7 - 5641 - 4656 - 6
定　　　价	38.00 元

(本社图书若有印装质量问题,请直接与营销部联系,电话:025 - 83791830)

序

作为社会经济发展的支柱性产业，土木工程是我国提升人居环境、改善交通条件、发展公共事业、扩大生产规模、促进商业发展、提升城市竞争力、开发和改造自然的基础性行业。随着社会的发展和科技的进步，基础设施的规模、功能、造型和相应的建筑技术越来越大型化、复杂化和多样化，对土木工程结构设计理论与建造技术提出了新的挑战。尤其经过三十多年的改革开放和创新发展，在土木工程基础理论、设计方法、建造技术及工程应用方面，均取得了卓越成就，特别是进入 21 世纪以来，在高层、大跨、超长、重载等建筑结构方面成绩尤其惊人，国家体育场馆、人民日报社新楼以及京沪高铁、东海大桥、珠港澳桥隧工程等高难度项目的建设更把技术革新推到了科研工作的前沿。未来，土木工程领域中仍将有许多课题和难题出现，需要我们探讨和攻克。

另一方面，环境问题特别是气候变异的影响将越来越受到重视，全球性的人口增长以及城镇化建设要求广泛采用可持续发展理念来实现节能减排。在可持续发展的国际大背景下，"高能耗"、"短寿命"的行业性弊病成为国内土木界面临的最严峻的问题，土木工程行业的技术进步已成为建设资源节约型、环境友好型社会的迫切需求。以利用预应力技术来实现节能减排为例，预应力的实现是以使用高强高性能材料为基础的，其中，高强预应力钢筋的强度是建筑用普通钢筋的 3～4 倍以上，而单位能耗只是略有增加；高性能混凝土比普通混凝土的强度高 1 倍以上甚至更多，而单位能耗相差不大；使用预应力技术，则可以节省混凝土和钢材 20％～30％，随着高强钢筋、高强等级混凝土使用比例的增加，碳排放量将相应减少。

东南大学土木工程学科于 1923 年由时任国立东南大学首任工科主任的茅以升先生等人首倡成立。在茅以升、金宝桢、徐百川、梁治明、刘树勋、方福森、胡乾善、唐念慈、鲍恩湛、丁大钧、蒋永生等著名专家学者为代表的历代东大土木人的不懈努力下，土木工程系迅速壮大。如今，东南大学的土木工程学科以土木工程学院为主，交通学院、材料科学与工程学院以及能源与环境学院参与共同建设，目前拥有 4 位院士、6 位国家千人计划特聘专家和 4 位国家青年千人计划入选者、7 位长江学者和国家杰出青年基金获得者、2 位国家级教学名师；科研成果获国家技术发明奖 4 项，国家科技进步奖 20 余项，在教育部学位与研究生教育发展中心主持的 2012 年全国学科评估排名中，土木工程位列全国第三。

近年来，东南大学土木工程学院特别注重青年教师的培养和发展，吸引了一批海外知名大学博士毕业青年才俊的加入，8 人入选教育部新世纪优秀人才，8 人在 35 岁前晋升教授或博导，有 12 位 40 岁以下年轻教师在近 5 年内留学海外 1 年以上。不远的将来，这些青年学者们将会成为我国土木工程行业的中坚力量。

时逢东南大学土木工程学科创建暨土木工程系（学院）成立 90 周年，东南大学土木工程学院组织出版《东南土木青年教师科研论丛》，将本学院青年教师在工程结构基本理论、新材料、新型结构体系、结构防灾减灾性能、工程管理等方面的最新研究成果及时整理出版。本丛书的出版，得益于东南大学出版社的大力支持，尤其是丁丁编辑的帮助，我们很感谢他们对出版年轻学者学术著作的热心扶持。最后，我们希望本丛书的出版对我国土木工程行业的发展与技术进步起到一定的推动作用，同时，希望丛书的编写者们继续努力，并挑起东大土木未来发展的重担。

东南大学土木工程学院领导让我为本丛书作序，我在《东南土木青年教师科研论丛》中写了上面这些话，算作序。

中国工程院院士：吕志涛

2013. 12. 23.

前　　言

　　建筑施工作为高风险行业,施工现场安全事故的发生对社会经济、人民生活和自然环境都将产生重大的影响。国内外的研究人员和从业人员一直都在研究如何降低施工现场的安全风险,但是似乎一直没有找到从根本上解决这个问题的方法,施工现场的安全事故一直困扰着建筑施工业。识别事故发生前可能的前馈信号具有提高安全绩效的巨大潜力,许多组织已经开始研究如何确定事故前馈信号的程序和方法,并且已经从中获益。本书的研究目标就是从建筑业施工现场前馈信号的视角,建立针对施工现场安全危险源的前馈信号进行实时监控、对安全风险进行实时预测的方法。

　　首先,在详细的文献综述的基础上,分析了国内外安全风险的研究现状和研究方向,并且借鉴了天气预报和地震预报的研究思路,指出了目前的研究不足。进而,针对现有研究及实践中提高安全绩效的不足,分析了施工现场的前馈信号及未遂事件对提高安全绩效的重要意义。在此基础上,构建了完整的施工现场安全管理系统。

　　其次,建立了施工现场前馈信号及未遂事件(Precursors and Immediate Contributory Factors,简写为PaICFs)调查模型,其主要目标是从安全事故历史记录中分析前馈信号及未遂事件。然后,利用美国职业安全健康管理局(Occupational Safety and Health Administration,简写为OSHA)的案例和英国健康安全管理局(Health and Safety Executive,简写为HSE)的案例进行了详细的分析,选择"从脚手架摔落"类型的安全事故作为研究对象,得到了可能的前馈信号,进一步验证了PaICFs调查模型的效果。进而,向英国施工现场安全负责人或者安全顾问发放了调查问卷,以获得其对前馈信号有效性的认可程度。同时,为了衡量问卷参与者之间的内部一致性,使用Kappa统计值衡量了问卷结果是否完全(或者部分)是由于偶然性造成的。

　　接着,针对建筑业施工现场前馈信号的特点,建立了改进的事故序列前馈信号模型(Modified Accident Sequence Precursor,简写为MASP)。该模型一方面对事件树的建立方法进行了改进,同时,由于施工现场安全管理所关心的问题实际上是一个条件概率,即在某一个前馈信号(或者某几个前馈信号的组合)发生的情况下,可能导致安全事故的可能性,从而利用条件概率公式改进了原有的算法,并且计算了基于前馈信号的施工现场的安全风险。然后,针对 MASP 计算过程中涉及的不同变量,进一步对 MASP 进行了敏感性分析,得到了敏感性程度的排序。

再次,基于信号检测理论(Signal Detection Theory,简写为 SDT)建立了施工现场安全风险预测模型,建立并比较了不同准则下预警阈值的计算方法和使用条件,得出在目前的情况下,使用奈曼-皮尔逊准则确定阈值是合适的。然后,对安全信号密度函数和危险信号密度函数的分布形式进行了假设,对参数进行了估计,并且进行了假设检验。进而,基于 SDT 理论建立了对施工现场安全风险预警系统的敏感性和风险倾向进行测度的方法。计算结果表明,示例预警系统的敏感性较低,风险倾向属于保守型。

最后,在大量案例分析的基础上,分析了施工现场实时监控子系统的自动获取数据的需求。结果表明,需求主要涉及三类数据:位置类、身份类和环境类实时信息。为了满足这三类数据的需求,本书基于 Zigbee 协议的射频识别无线传感器网络(Zigbee enabled RFID System)设计了系统结构。在此基础上,向英国施工现场安全负责人或者安全顾问发放了调查问卷,以检验其是否认为实时监控子系统可能提供的实时信息对提高施工现场的安全绩效有作用。同样,为了衡量问卷参与者之间的内部一致性,使用 Kappa 统计值衡量了该问卷结果是否完全(或者部分)是由于偶然性造成的。

施工现场安全危险源的实时监控与安全风险预测方法的理论和方法体系尚不成熟,由于作者的学术见识有限,本书的许多定义、观点、论证还是不够严密,书中难免有疏忽,甚至不免有错误之处,敬请各位读者、同行批评指正,对此作者不胜感激!

本书是在作者博士论文的基础上进一步完善而来的,导师李启明教授在本书的整个完成过程中一直给予关心并提供了重要的指导,在此一并表示深深的谢意!

在本书的写作过程中,参考了许多国内外相关专家学者的论文和著作,在参考文献中列出,向他们表示深深的谢意。但是难免仍会有遗漏的文献,在此向各位作者表示歉意。

吴伟巍

2013 年 9 月于东南大学

目　　录

1 绪 论

1.1 研究背景及研究意义

建筑施工作为高风险行业,施工现场安全事故的发生对社会经济、人民生活和自然环境都将产生重大的影响[1,2,3]。国内外的研究人员和从业人员一直都在研究如何降低施工现场的安全风险,减少施工现场安全事故的发生,但是似乎一直没有找到从根本上解决这个问题的方法,建筑业施工现场安全事故一直困扰着建筑业。数据表明,英国建筑业工人死亡的人数是其他行业平均值的五倍,受伤或者严重受伤的人数是其他行业平均值的两倍[4,5];根据美国国家安全协会(National Safety Council)的数据,美国建筑业的从业人员数虽然只占美国所有行业从业人员的 5%,但是死亡人数却占所有行业死亡总人数的 20%,重大伤残人数占所有行业总伤残人数的 9%[2];根据合理的估计,中国建筑业每年施工现场的死伤人数约为 3 000 人[6],施工现场安全事故造成的损失非常巨大[6,7]。

在安全研究领域,测度和评价安全的一个主要目的就在于寻找和建立有效的措施,以避免将来的安全事故[8,9,10]。识别事故发生前可能的前馈信号具有提高安全绩效的巨大潜力,许多组织已经开始研究确定事故前馈信号的程序和方法,并且已经从中获益[11]。美国自然科学协会(US National Academy of Sciences)最近就开始了一项针对事故发生前的信号和指标的研究,这些信号会在事故发生之前产生[11]:"在重大事故发生之后,寻找是否存在前馈信号、遗漏的信号和遗漏的警报是很普遍的,这些信号是否在事故发生之前就被识别或者被合适的处理,会影响到能否避免下次类似事故的发生。"

如果我们也能够在施工现场发生安全事故之前就预测到事故的发生,从而及时地向可能被卷入到此次安全事故的人员发出警告信号,那么相关人员就可以通过及时采取措施而避免安全事故的发生,就拯救了珍贵的生命。换句话说,如果我们能够像天气预报一样对施工现场安全风险进行实时预测,这将是从根本上解决施工现场安全事故的可能途径之一。随之而来的问题则是,做出这样实时预测的可能性是否存在,以及采用什么方法可以实现对施工现场安全风险进行实时预测。对这些关键问题的研究将会提供对施工现场安全风险进行实时预测的途径,并建立施工现场安全风险实时预测的方法。

针对现有研究的不足之处,本书通过将现有研究的视角引入到对建筑业施工现场关键安全危险源前馈信号的关注上,增强人们对施工现场安全风险的认识、评价以及预防能力,最大限度地保证施工现场的安全，为施工现场安全事故的预测和防治打下良好的理论基础，具有重要的理论和实际价值。

1.2　国内外研究现状及不足

1.2.1　传统的研究视角

与预测建筑业施工现场安全事故实践相辅相成的是对安全风险(safety risks)相关理论的研究，特别是对安全风险预测方法的研究。传统上，国际期刊上关于安全风险的研究主要集中在以下三个方面：关于安全风险产生的根本原因及影响因素的研究、关于安全危险源的分类和事故调查过程的研究和关于安全态度、安全文化及安全气候的研究。

1)关于安全风险产生的根本原因及影响因素的研究

这方面的研究一直以来都是安全风险研究的主要关注点，典型的集大成者有 Heinrich 的事故原因模型(Accident Causation Models)[12]和 Rigby 的人员过失理论(Human Error Theories)[13]，此后众多学者在此研究基础上进行了不同程度的改进和发展。

Sawacha 等学者分析了影响施工现场安全问题的因素，包括历史因素、经济因素、心理因素、技术因素、程序因素、组织因素和环境因素[14]。Fang 等学者指出，施工现场安全管理绩效与组织因素、经济因素、管理者和施工人员之间的关系因素相关度很高[6]。Hinze 和 Gambatese 确定了影响专业承包商安全绩效的关键因素[15]。Fang 等学者确定了影响施工现场日常安全管理绩效的安全危险源并进行了分类，在提取了 11 个关键因素的同时进行了解释和说明[1]。Teo 等学者发现当存在公司政策不足、实践行为不安全、个人态度不重视、安全责任不清楚和施工人员安全知识培训不足的时候，施工现场安全事故更加有可能发生[16]。Yi 和 Langford 介绍了导致安全事故不同风险因素的组合效果的概念[17]。Carter 和 Smith 认为，目前对安全危险源的识别水平远远达不到理想的要求，并指出安全危险源的识别对于现场安全管理是至关重要的[4]。Blackmon 和 Gramopadhye 注意到现场施工人员似乎常常会把现场的警告当成一般的噪声来对待，这个问题被认为是人的一种固有的缺陷，就是在没有正面反馈的时候无法保持持续的注意力[3]。Jannadi 发现如果施工人员和他的合作人员和管理者之间有着良好的关系并有着对组织的归属感时，安全问题就更少发生[18]。Hinze 和 Bren 利用美国职业安全健康管理局(Occupational Safety and Health Adimindistration，简写为 OSHA)的数据分析了由于接触电线而造成的安全危险源[19]。Hinze 等学者进一步研究了造成撞击安全事故的根本影响因素，并指出如何去避免此类安全事故[20]。Perttula 等学者比较了施工现场材料运输导致的安全问题，指出使用升降机比人工搬运更加能够提高现场安全水平[21]。

国内学者杨德钦从工效学系统出发，指出施工安全的一级影响因子是施工主体、施工条件、施工对象和施工环境[22]。姚庆国和黄渝祥指出事故的发生可以概括为人的不完全行为、物的不安全状态、环境的不安全因素和管理不善四个方面[23]。陈强、陈桂香和尤建新介绍了灾害的定义,指出灾害主要由致灾因子、孕灾环境、灾害事故、承灾体及灾害损失五个部分组成[24]。周直、於永和及傅华从风险形成的机理角度,提出了以项目风险因素、项目建设活动及项目风险损失形式为基本坐标,由笛卡尔积确定项目三维基本风险空间的方法,并且进一步初探了三维基本风险空间在风险辨识及风险评价中的一般数学表达形式[25]。黄宏伟针对隧道及地下工程建设中的特点,对风险发生的机理等进行了讨论,指出由于隧道及地下工程孕育风险的环境,在致险因子的诱导下,就有可能引发各类风险事故的发生,进一步对各种承载体造成损失[26]。赵挺生等学者对某地区 6 年来 88 例建筑施工伤害事故记录进行了分析,采用分层分析方法获得了各类因素导致施工伤害事故的频率[27]。丁传波等分析了我国建筑施工伤亡事故的致因,并提出了相关对策[28]。强茂山等学者对广东省主要城市的建设工程项目安全投入的组成和安全绩效进行了调查研究,分析了安全投入和产出之间的关系[29]。方东平等学者用演绎分析的方法对建筑安全管理的目标和手段进行了探讨[30]。袁海林指出了我国建筑安全事故产生的最主要原因存在于制度性因素之中,并用粗集理论对建筑安全指标体系的可靠性进行了检验[31]。

2) 关于安全危险源的分类和事故调查过程的研究

Hinze 等学者指出美国 OSHA 对事故原因的 4 种分类不足以提供分析事故根本原因的信息,提出了可能的 20 种分类方法以提供更多的关于安全事故的信息[9]。Abdelhamid 和 Everett 认为施工现场事故的调查缺少确定事故根本原因的重要步骤,提出了一个事故根本原因追踪模型[2]。Chua 和 Goh 发展了一个事件原因模型作为一个有效的反馈机制,这个机制包括事故调查的编号信息,有利于在安全规划中充分利用信息[32]。Hadikusumo 和 Rowlinson 讨论了一种工具,用来从安全工程师那里获得关于安全危险源和需要的安全措施的相关知识[33]。

3) 关于安全态度、安全文化及安全气候的研究

还有相当一部分的研究集中在安全态度、安全文化和安全气候方面。Mohamed 对可能影响安全气候的因素进行了文献综述,并基于"安全行为是安全气候带来的结果"的假设,建立了相应模型,通过问卷调查进行了验证[34]。Haupt 通过问卷调查研究了美国建筑企业安全态度对安全绩效的影响[8]。Fung 等学者通过问卷调查研究了香港建筑业管理人员、监理人员及工作人员对建筑文化存在的分歧[35],针对香港顶尖承包商及其分包商进行了一次全面的针对安全气候的问卷调查,并通过因子分析获得了由 15 个关键因素组成的指标体系[36]。国内这个方面研究也比较多,代表性的研究包括:方东平和陈扬从文化和安全的定义入手,结合建筑业的特点,讨论了建筑业安全文化的内涵,分析了施工企业的安全文化在企业、项目、项目中层管理者和工人四个层面上的特征和具体表现[37];黄吉欣等学者从安全和文化两个层次对安全文化的定义和理论模型进行探讨,剖析目前安全文化定义中存在的

两个重要分歧,并给出了安全文化模型,进一步明确了建筑业安全文化在社会、企业、项目和员工个人等各个层面上的内容和行为表现[38];章鑫等学者采用非参数统计方法分析了业主的各种不同安全态度及措施对项目安全绩效影响的显著性[39]。

1.2.2　安全风险领域研究的发展趋势

随着研究的进一步深入,在传统视角研究的基础上,国外期刊上关于安全风险的研究趋势逐渐清晰地出现以下两个新的研究视角和方向:关于在设计阶段考虑安全风险的研究和关于安全风险预测方面的研究。

1) 关于在设计阶段考虑安全风险的研究

从工程项目全生命周期的角度出发,一些研究强调了在设计阶段考虑安全问题的重要性,代表性的研究包括 Kartam[40], Gibb[41], Gambatese[42], Baxendale and Jones[43], Elbeltagi[44], Weinstein[45], Gambatese[46]。国内也有部分研究涉及此方面,如李引擎的论文[47],张仕廉和潘承仕的论文[48]等。

2) 关于安全风险预测方面的研究

针对缺乏相关数据和有效的模型来预测施工现场事故的困难,Bentil 发展了一种预测建筑业事故的模型[49]。Janicak 的研究表明,可以通过利用施工人员因素和安全程序因素的组合来有效地预测事故[50]。Gillen 的研究结果显示,一些独立变量如摔落的高度、站立的表面情况、安全气候测量值和安全协会的地位对受伤严重性有着显著贡献[51]。Schmidt 研究了一种工具以用来预测建筑事故造成的损失[10]。Quintana 等学者发展了一种事故的预测模型来提高安全绩效,这种模型需要实时地确定和评价潜在的安全危险源[52]。同时,McConnell 验证了使用英语熟练水平作为工作受伤的预测指标的合理性,结论表明英语水平的熟练程度对工作伤害并没有显著贡献[53]。田元福借鉴了国际先进的安全管理理论和经验,结合我国国情,利用事故树的方法对建筑安全危险性因素进行了预测[54]。从国内期刊发表的论文来看,目前还是主要集中在传统研究视角的三个方面,对国际上安全风险研究体现出的两个新趋势和发展方向没有足够重视,直接针对在设计阶段考虑安全风险的研究不多,直接针对安全风险预测方面的研究还很缺乏。

1.2.3　现有研究的不足

1) 安全风险管理领域研究和实践的不足分析

应当承认,在安全风险领域的许多方面都已经取得了不少进步。但是,研究人员及行业的实践人员忍不住要问:既然我们已经对安全事故的可能影响因素做了这么多的研究,那么为什么安全事故仍然持续不断的发生? 更加严重的是,发生在类似情况下的类似事故也不断地困扰着建筑业[55,56]。目前的研究和实践到底存在哪些不足?

图 1.1 是一个示意模型,总结了目前实践中提高安全绩效的途径。的确,如果所示的导

致事故的因素能够得到根本的解决,施工现场的安全绩效是能够得到极大的改善和提高。然而,不能忽视的是,由于一些关键因素的限制,从初步认识到真正彻底解决这些根本影响因素之间,存在着不可避免的时间间隔。正是这些关键影响因素使得施工现场安全风险管理任重而道远,这些因素包括安全风险的经济性问题[1,57]、设计人员对安全问题的认识及考虑程度[1,57,58,59]、安全政策的改进[5,16,60]、人的失误[55,58,61,62]等。此外,从实践层面来看,在安全危险源清单常规性检查(或者是未遂事件报告)和采取改进措施之间,也存在着时间间隔。因此,在这些时间间隔中,大量的不确定性因素(如即时的因素等等)存在着导致产生安全事故的极大可能性。目前研究和实践的不足正是在于这些时间间隔上,换句话说,即使这些导致安全事故的因素是以前已经知道的,现有的安全管理系统对其也无能为力,因为现有的安全管理系统缺乏一个有效的机制来阻止即时因素导致安全事故的重复发生。

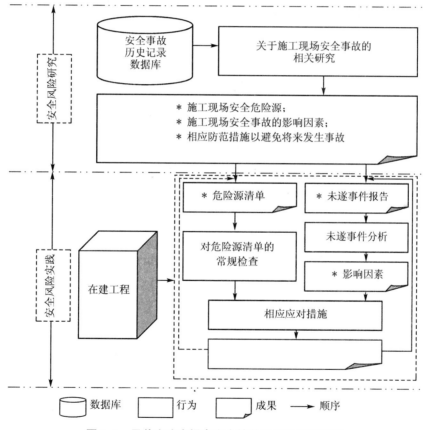

图 1.1　目前实践中提高安全绩效途径的示意模型

为了进一步说明这个问题,现以美国和英国的两对重复发生过的类似案例①作对比。

(1)曾经在美国的某一个施工现场,一个工人在脚手架上浇注混凝土后,在清洗混凝土

---

　　①　案例来源:美国数据来自于美国 OSHA 安全事故数据库(1990—2008);英国的数据来源于 2003 年英国 HSE 的报告《Causal factors in construction factors》。

泵的时候,混凝土泵产生了一个突然的惯性力,这个工人被混凝土泵甩出了脚手架,当场死亡。而同样类似的事件在英国也发生过,同样是由于浇注混凝土后清洗混凝土泵时产生的惯性力,施工人员被甩出去撞在了柱子上,当场骨折。幸运的是,英国的工作人员当时是在地面工作,而不是在楼上工作。

（2）英国某施工现场的一个工人由于不小心踩在了现场地上散放的半砖上,严重扭伤了脚踝,导致休息了好几天。这个工人在接受调查时提到,他以前在另外一个施工现场也经历过类似的情况,并且当时同样的事情也曾经发生过。

以上两对案例只是冰山一角,说明了这样一个情况,无论在研究或者实践中是否曾经识别出安全风险的影响因素,目前的施工现场安全管理系统都无法及时有效地阻止即时因素导致的安全事故。

2）借鉴天气预报和地震预报的研究思路

图 1.2 总结了天气预报[65,66]和地震预报[63,64]的一般研究思路和发展过程。

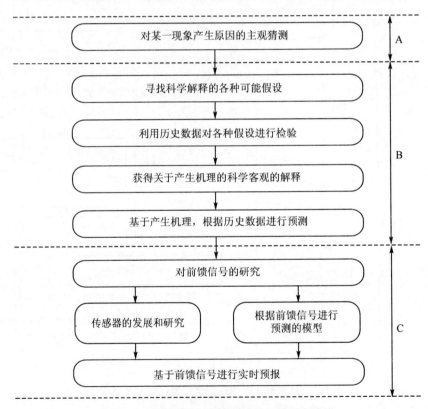

图 1.2　天气预报和地震预报的一般研究路线

从总体上看,天气预报和地震预报的研究可以划分为三个阶段,在图 1.2 中分别记为 A、B 和 C。A 阶段表示的是人类对自然现象的一种不理性认识,通过主观猜测去解释自然现象。在 B 阶段,随着社会的发展和科学技术的进步,越来越多的人开始寻找自然现象产生的客观机理,他们提出各种假设,并在实践中通过各种历史记录验证这些假设。最终,人们对自然现象有了客观和科学的解释,并在此基础上,开始尝试基于历史记录和产生机理对自然现象进行初步的预测。但是,这种程度的预测仍然不能确定准确的地点、日期,甚至下次灾害发生的强度。从而,在 C 阶段,人们开始强调和重视对灾害发生前的前馈信号和基于前馈信号的预测方法的研究,在此基础上实现了实时预测和预报。

将施工现场安全危险源的研究思路与天气预报和地震预报的一般研究路线进行比较,可以发现目前对施工现场安全危险源的研究还主要停留在 B 阶段。

Sawacha 等学者认为以下五个因素是影响施工现场安全问题的重要方面:关于安全问题的谈话、安全手册的提供、安全设备的提供、安全环境的创造和训练有素的安全代表[5]。Fang 等学者将现场因素分为立即因素(直接导致安全事故的因素)和贡献因素(进一步解释立即因素的因素),同时指出施工现场五个重要的常见因素包括与工头有关的因素、与施工人员有关的因素、与全体人员有关的因素、与管理有关的因素和与安全培训有关的因素[1]。相关研究也指出施工现场安全管理绩效和组织因素、经济因素,以及施工人员和组织之间的关系因素高度相关[6]。Hinze 和 Bren 研究了由于接触电线导致的死亡和受伤,发现起重机、大型卡车频繁涉及与设备有关的触电事故;发现运输或者搬运金属物体,特别是铝制梯子,是造成很多非设备相关触电事故的原因[19]。

关于事故产生的根本影响因素也是引起学者广泛研究的方面[2,9,20,67]。但是与此同时,也有评论指出现有研究并不能提供足够的关于事故根本影响因素的研究,我们需要知道和了解更多的关于根本影响因素[57]。

Bentil 使用工程阶段、工程规模、工程合同和季节类型构建了一个预测施工现场安全事故的模型[49]。类似地,Schmidt 提出了一个根据特定选择指标预测安全事故带来经济损失的模型[10]。一般说来,正如 Fang 等学者[6]指出的那样,目前广为接受的安全评价指标仍然是基于过去的安全绩效和历史安全记录,主要使用的方法集中在历史数据分析、文献综述、问卷调查和因子分析,从历史安全事故记录中获得有用的信息[1,2,4,9,14,19,20]。

和天气预报、地震预报领域大量集中于 C 阶段的研究比起来,关于施工现场安全危险源前馈信号的关注程度明显不足。某一类安全危险源的前馈信号可以理解为这样一种信号,它在每次发生此类施工现场安全事故之前似乎都会产生。对于前馈信号的研究是对安全危险源进行实时监控和对安全风险进行实时预测的基础,但是目前对前馈信号的研究非常缺乏。

从预测精度来看,实时预测应该是在对安全危险源监控的基础上,根据采集的前馈信号,计算出相应的安全风险从而进行预测。如果预测不是在安全危险源监控的基础上做出的,就不是实时预测阶段的研究;即使某个预测是在对安全危险源监控的基础上,但如果不是根据安全危险源的前馈信号做出的预测,也不是实时预测阶段的研究。

从预测精度来看,目前很多的研究并没有注重对关键安全危险源的实时监控。很多研究都是在安全危险源监控阶段之前的研究[14,19,40,41,42,43,44,45,46]。显然,目前关于安全风险预测的精度远远达不到令人满意的程度。

3）现有研究不足总结

（1）就目前的安全管理系统而言，缺乏一个能够及时、有效地阻止即时因素，从而阻止事故发生的机制。

（2）就基于安全危险源进行的预测而言，对施工现场安全危险源前馈信号的研究不够重视。

（3）目前对安全风险的预测精度远远没有达到令人满意的程度，离实时预测的要求还有很大差距。

对施工现场安全危险源前馈信号的研究和对安全风险实时预测方法的研究已经势在必行。

1.3　研究目标、研究内容及拟解决的关键问题

1.3.1　研究目标

毋庸置疑，建筑业在国民经济中具有举足轻重的支柱性地位，施工现场发生安全事故将会对个人、家庭及社会造成巨大影响[1-7]。因此，必须加强对建筑业施工现场安全危险源的实时监控和对安全风险实时预测方法等方面的研究，达到防患于未然的目的。然而，目前的安全管理系统缺乏应对即时因素的有效机制，现有的研究对建筑业施工现场安全危险源的前馈信号没有引起足够重视，预测精度无法达到实时预测的要求，缺乏针对建筑业施工现场安全危险源的实时监控和安全风险实时预测方法方面的研究。Cooper 也指出，对安全危险源的监控是预测安全风险的关键所在，但是目前主要的研究都没有注意到这一点[68]。Carter 和 Smith 也表达了类似的观点，指出对危险源的管理是施工现场安全问题的关键[4]。

本书的研究目标就是从建筑业施工现场前馈信号的视角，建立针对施工现场安全危险源的前馈信号进行实时监控、对安全风险进行实时预测的方法。主要包括如下几方面：

（1）理解施工现场前馈信号的概念，建立识别施工现场安全风险前馈信号的方法。

（2）建立基于施工现场安全风险前馈信号的安全风险计量模型。

（3）建立确定施工现场安全风险预警阈值的模型，并评价预警系统的敏感性和风险倾向。

（4）讨论技术上实现前馈信号实时监控的可能性，设计相应的系统结构，并研究其相应的硬件需要。

这项研究将提供对建筑业施工现场前馈信号进行实时监控的途径，建立对建筑业施工现场的安全风险进行实时预测的方法。同时，通过将现有研究的视角引入到对建筑业施工现场安全风险前馈信号的研究上，为建筑业施工现场安全事故的防治打下良好的理论基础。

1.3.2　主要研究内容

1）基于前馈信号的实时监控子系统构建

理解施工现场前馈信号的概念，分析施工现场的前馈信号及未遂事件对提高安全绩效

的重要意义;针对现有研究和实践中的不足,构建完整的施工现场安全管理系统:实时监控子系统、常规的持续改进子系统和未遂事件报告子系统,并且阐述各个子系统的功能、目标以及各个子系统之间的关系;建立施工现场前馈信号及未遂事件(Precursors and Immediate Contributory Factors,简写为 PaICFs)调查模型,其主要目标是从安全事故历史记录中寻找 PaICFs,该模型也可以用于从未遂事件报告子系统中获得前馈信号,以对 PaICFs 数据库进行补充,通过实际案例说明 PaICFs 调查模型的使用。

2）基于 PaICFs 模型的案例分析及效果检验

基于 PaICFs 模型,选择"从脚手架摔落"类型的安全事故作为研究对象,利用美国 OSHA 和英国健康安全管理局(Health and Safety Executive,简写为 HSE)提供的案例进行详细的案例分析,进一步验证 PaICFs 模型的效果;在英美案例比较的基础上,研究不同国家之间安全事故影响因素的共同性及差异性的问题;针对英国施工现场安全负责人或者安全顾问设计调查问卷,以获得他们对通过 PaICFs 模型得到的前馈信号的可用性及有效性的评价,深入验证采用 PaICFs 模型得到的前馈信号的可用性及有效性;为了对问卷的统计结果有一个更加全面和深入的认识,使用合适的 Kappa 统计值衡量问卷参与者之间的一致性程度,以检验问卷结果是否完全(或者部分)是由于偶然性造成的。

3）基于改进事故序列前馈信号模型的安全风险计量

在传统的事故序列前馈信号模型(Accident Sequence Precursor,简写为 ASP)的基础上,针对施工现场安全风险前馈信号的特点,建立改进的事故序列前馈信号模型(Modified Accident Sequence Precursor, 简写为 MASP),对施工现场安全风险进行计量;通过大量案例分析,并结合部分示例数据,详细说明 MASP 的计算过程;为了对改进后的模型有一个更加全面的认识,针对模型中所有涉及的变量进行敏感性分析,得到 MASP 对各个变量变化的敏感性程度的排序。

4）预警系统阈值确定及风险倾向测度

基于信号检测理论(Signal Detection Theory, 简写为 SDT)建立施工现场安全风险预测模型,并详细解释四种判断概率的实际含义;在此基础上,建立并比较不同准则下预警阈值的计算方法和使用条件;进而,对安全信号密度函数和危险信号密度函数的形式进行假设,对参数进行估计,并且对分布形式进行假设检验;基于比较后采用的阈值计算准则,计算相应的预警阈值,得到预警系统风险判断结果;基于 SDT 的理论对预警系统的敏感性、风险倾向进行测度;示例整个详细计算过程,并对结果进行讨论。

5）实时监控子系统实现的可能性及其系统设计

在大量案例分析的基础上,分析前馈信号实时监控子系统的自动获取数据的需求;在总结数据需求的主要种类后,研究基于 Zigbee 协议的射频识别无线传感器网络(Zigbee enabled RFID System)的使用性能和达到这些要求的可行性;设计基于 Zigbee enabled

RFID System 的系统结构,解释并示意在实际的施工现场中如何实施这个系统;通过向英国施工现场的安全负责人和安全顾问发放问卷,检验由实时监控子系统提供的可获得的前馈信号实时信息的实用性;使用合适的 Kappa 统计值衡量问卷参与者之间的一致性程度,以检验问卷结果是否完全(或者部分)是由于偶然性造成的。

1.3.3　研究内容框架结构

　　本书的研究内容是一个有机的整体,可以用图 1.3 所示的框架结构图表示研究内容之间的关系。

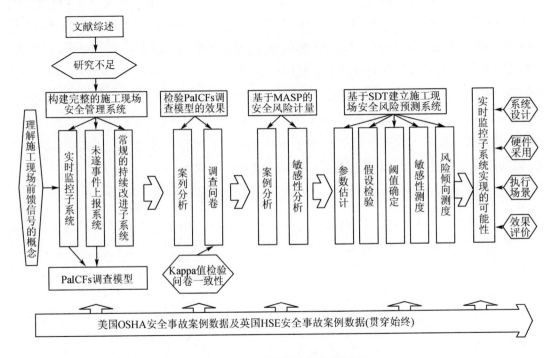

图 1.3　本书研究内容框架结构图

1.3.4　拟解决的关键问题

　　(1) 构建完整的施工现场安全管理系统,将研究视角引入到对建筑业施工现场安全风险前馈信号的研究上。

　　(2) 建立前馈信号及未遂事件(PaICFs)调查模型,并检验该模型的效果。

　　(3) 针对建筑业施工现场的特点,建立改进的事故序列前馈信号模型(MASP),对施工现场安全风险进行计量,并进行敏感性分析。

　　(4) 基于信号检测理论(SDT)建立施工现场安全风险预测系统,建立不同准则下的预警系统阈值确定模型,对安全信号密度函数和危险信号密度函数进行参数估计和假设检验,并且评价预警系统的敏感性和风险倾向。

（5）分析前馈信号实时监控子系统的自动获取数据的需求,研究基于 Zigbee 协议的射频识别无线传感器网络的使用性能和达到这些要求的可行性,并且对其可能获得的前馈信号实时信息的实用性进行验证。

1.4　研究方法及技术路线

1.4.1　研究方法

本项研究将采用理论研究、经验研究与案例分析相结合,定性分析与定量分析相结合的方法进行系统化研究。研究方法主要有:

1）应用问卷调查、网络查询、数理统计分析等方法,力争收集第一手案例资料对施工现场安全风险前馈信号进行定性和定量的调研分析。利用 SPSS 软件进行相应的数据处理和数据分析。

2）使用美国 OSHA 和英国 HSE 提供的安全事故数据库进行模型的验证。研究中所选取的案例和数据,主要来源于美国 OSHA。这些案例和数据编制在 Microsoft Access 数据库的表之中。数据库中包含了美国 1990—2008 年以来的 14000 多个伤亡事故①。这个数据库真正有价值的地方在于,每一个案例包含了描述事故发生时的现场情景摘要以及详细的事故描述。这对于分析特定危险源的前馈信号,提供了有潜在价值的信息。另外一部分案例来自于英国拉夫堡大学（Loughborough University）完成的 HSE 的报告《Causal factors in construction factors》[70],共 100 个案例②。案例分析的过程贯穿于本书。

3）针对建筑业的特点,在传统的事故序列前馈信号模型（ASP）的基础上建立了改进的事故序列前馈信号模型（MASP）,对施工现场安全风险进行计量,并进行敏感性分析。

4）基于信号检测理论（SDT）建立了施工现场安全风险实时预测模型。

5）利用概率论对安全信号的密度函数和危险信号的密度函数进行了参数估计,并进行了假设检验。

6）利用信号检测理论（SDT）框架中的奈曼-皮尔逊准则建立了阈值确定模型,并对预警模型的敏感性和风险倾向进行了测度。

7）基于 Zigbee 协议的射频识别无线传感器网络,设计了安全风险前馈信号实时监控系统的结构,讨论了硬件的采用以及如何在施工现场的场景中运行所设计的系统。

---

①　该安全事故记录数据库由美国 OSHA 的 DuBois 博士分两次提供,包括了美国建筑业从 1990 年到 2008 年 9 月 23 日所有上报事故的案例和数据。

②　本书作者在 2008 年 9 月至 2009 年 3 月期间,在英国拉夫堡大学土木工程系（Department of Civil and Building Engineering）参加国家留学基金委资助的联合培养博士生计划,拉夫堡大学的合作导师正是该报告的负责人,向本书作者提供了所有 100 个案例的详细调查的原始资料。

1.4.2　技术路线

综合上述的研究方法,本书研究的技术路线可以用图 1.4 表示。

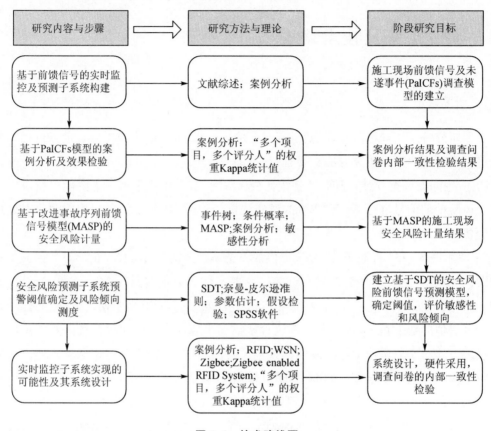

图 1.4　技术路线图

1.5　本章小结

本章通过详细的文献综述,分析了国内外安全风险的研究现状和研究方向,并且借鉴了天气预报和地震预报的研究思路,详细分析了目前的研究不足:

(1)就目前的安全管理系统而言,缺乏一个能够及时、有效地阻止即时因素,从而阻止事故发生的机制。

(2)就基于安全危险源进行的预测而言,对施工现场安全危险源的前馈信号的研究不够重视。

(3)目前对安全风险的预测精度远远没有达到令人满意的程度,离实时预测的要求还有很大差距。

针对现有研究的不足之处,本章提出了本书的研究目标和主要研究内容,详细阐述了拟解决的关键问题、研究方法和技术路线。

2　基于前馈信号的实时监控子系统构建

2.1　理论基础及研究方法

2.1.1　多米诺骨牌(Domino)理论及其发展

1) 经典的多米诺骨牌理论

事故原因的五因素理论[12]，是最早的系统化研究安全事故产生机理的理论之一，如图2.1所示，将事故的原因总结为一个五因素的序列：固有因素及社会环境(ancestry and social environment)，人员过失(human error)，不安全行为及危险源(unsafe act and/or mechanical and physical hazard)，安全事故(accident)，人员伤亡(injury)。

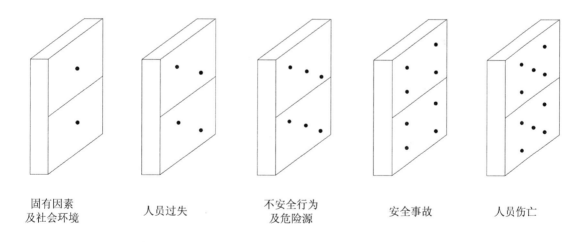

| 固有因素
及社会环境 | 人员过失 | 不安全行为
及危险源 | 安全事故 | 人员伤亡 |

图2.1　事故原因的多米诺骨牌理论

人员伤亡的发生，是一系列因素的发生而导致的，而这些因素有着固定的和逻辑上的顺序。这些因素中，前面因素的发生是导致后面因素发生的原因，后面因素的发生是前面因素发生的结果，这正类似于多米诺骨牌的原理(图2.2)。由图可见，安全事故只是这个多米罗骨牌中的一个因素。

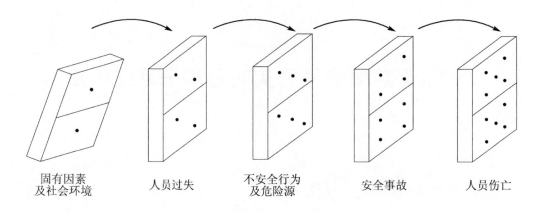

固有因素　　　　人员过失　　　不安全行为　　　安全事故　　　人员伤亡
及社会环境　　　　　　　　　　及危险源

图 2.2　多米诺骨牌效应示意

如果这个序列中的任何一个因素被阻断的话,就可以避免人员的伤亡。不安全行为及危险源构成了这个序列的中间部位,阻止事故发生的原理由图 2.3 所示。

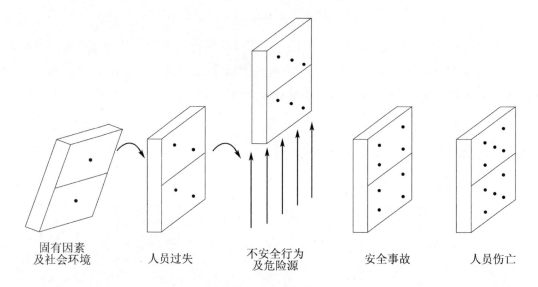

固有因素　　　　人员过失　　　不安全行为　　　安全事故　　　人员伤亡
及社会环境　　　　　　　　　　及危险源

图 2.3　阻止多米诺骨牌效应示意

2)改进的多米诺骨牌理论

对经典的多米诺骨牌理论的一次重要改进[69]是将五因素更新为:缺乏控制—管理因素(lack of control-management),初始原因—根源因素(basic cause-origins),即时原因—征兆(immediate causes-symptoms),安全事故—接触(accident-contact),伤亡—破坏—损失(injury-damage-loss)。

其中,"控制"指的是管理的职能,这里广义地代表一般的规章制度、限制和减少损失等。管理上没有解决的问题则会进一步导致初始原因,例如由于工人的缺乏经验和缺乏技术造成的。即时原因则是一直被人们称为最重要的、需要着手解决的问题之一。

这个改进的多米诺骨牌理论将管理的失误加入了安全事故序列中,强调了管理的重要性,而且这个观点在后来也越来越被各个行业所接受,后来发展的很多原因模型也都包含了管理的因素。

2.1.2 人员过失(Human Error)理论

Reason 的人员过失理论[61]扩展了早期对"过失"的定义,并且进一步区分了过失的基本类型,其基本思想如图 2.4 所示。

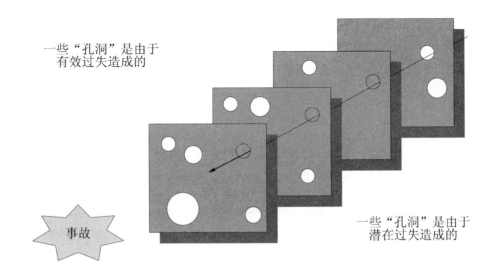

一些"孔洞"是由于有效过失造成的

事故

一些"孔洞"是由于潜在过失造成的

图 2.4　Reason 的人员过失理论

这个理论考虑了处于最上层的设计者和管理者的作用,他称之为潜在的过失(latent error)。操作者,在图上的另外一端,他称之为有效的过失(active error),能够直接导致安全事故的发生。Reason 认为,设计者和管理者潜在的过失能够影响到操作者最后的有效的过失,使整个系统存在隐藏的过失(hidden error)。有效的过失导致的潜在的安全隐患能够经常被及时发现,但设计者和管理者潜在的过失则经常不被人们所注意。这些各个"面"上的孔洞如果在一条"线"上的话,则有可能导致安全事故的发生。这个理论对后来的研究也产生了重要影响。

2.1.3 建筑业事故影响因素模型

Suraji 等发展的建筑业事故影响因素模型(Casual Model of Construction Accident Causation)也是比较有影响力的、从系统化角度研究建筑业安全事故产生机理的模型之一[57],如图 2.5 所示。

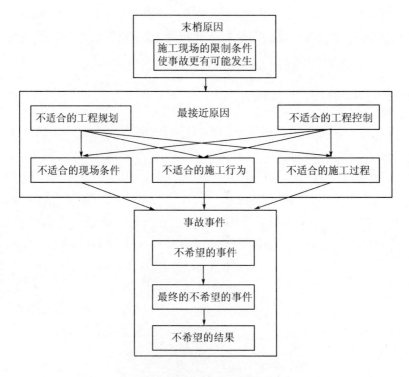

图 2.5　建筑业事故影响因素模型

　　这个模型考虑了施工管理的条件限制（constraints）、分包商的条件限制、工作人员的条件限制等等情况，这些情况都有可能导致建筑过程中安全事故的发生。限制条件也有可能转移工作人员的注意力，进而可能导致不安全的建筑工程规划和控制方法，如改变施工顺序有可能导致存放空间的不足等。本书进而分析并得到了英国 HSE 的 500 个上报安全事故中的"最接近原因"。

2.1.4　拉夫堡大学的 ConCA 建筑业事故原因模型

　　英国拉夫堡大学针对建筑业施工现场的安全事故进行了系统化分析。这项研究的特点在于，为了避免重复调查，它只研究了不够上报标准的事故；并且在刚刚接到事故报告后，立即和施工现场的相关人员进行访谈，详细调查了事故中涉及的工作人员及项目经理；一共100 个案例被详细调查，其事故类型的样本分布基本符合建筑业一般事故的分布情况[58,59,70]。这项研究的第二个独特之处在于，它同时分析了这 100 个事故可能带来更严重后果的可能性，结果表明，大部分的小事故都具有导致更严重后果的可能性（如导致死亡）。这项研究的第三个独特之处在于，它初步分析了各个事故的原因是否和设计因素有关，结果表明，大部分的事故原因都和设计中没有考虑安全问题有关。

　　基于人体工效学原理，这项研究将建筑业施工现场安全事故的影响因素分为直接原因、间接原因和基础原因，如图 2.6 所示。

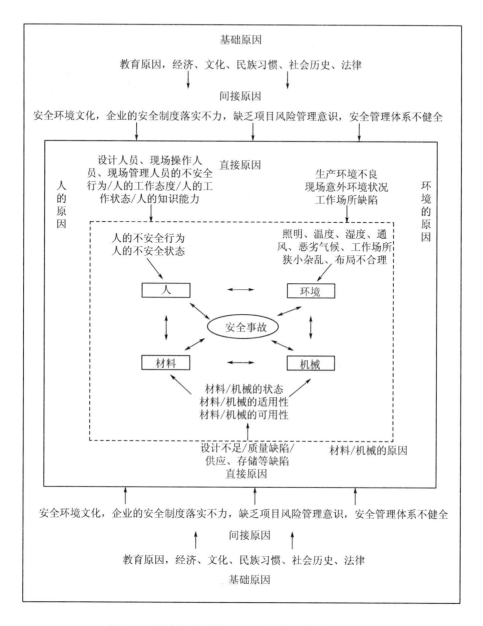

图 2.6　拉夫堡大学的 ConCA 建筑业事故原因模型

直接原因包括：① 环境的原因；② 人的原因；③ 材料的原因；④ 机械的原因。

间接原因包括：安全环境文化、企业的安全制度落实不力、缺乏项目风险管理意识、安全管理体系不健全等。如安全环境文化，建筑工地是多项作业交叉进行的环境，不仅对作业者心理产生影响，而且是诱发事故的一个重要因素。建筑工地的交叉、流动性作业多，作业时间长，劳动强度大，工作重复单调；业余生活环境不理想，住宿空间拥挤；卫生条件差，饮食差，企业少文化，娱乐设施不足，工人得不到较好的休息和娱乐。长年在此环境中作业，容易使人产生烦躁的情绪。当工人受到生活或工作上意外的刺激时，会激化其焦虑、忧郁和不安的情绪,对意外事件的判断力及反应速度下降,从而增加了事故发生的概率[71]。

基础原因包括:教育原因、体制原因以及社会原因,总体上涉及经济、文化、学校教育、民族习惯、社会历史、法律等方面。

图2.7表示了拉夫堡大学的ConCA建筑业事故原因模型对Reason的理论的发展,指出为了减少事故可能发生"轨道",现场小组(最应当为直接原因负责的一方)需要专注于如何减少他们"面"上的孔洞(如施工现场环境、工作地点、施工人员,以及设备方面问题);项目管理小组和详细设计单位(影响间接原因的主要人员)应该保证他们在建设前期的规划和设计工作的质量,以便减少他们"面"上的孔洞;业主小组、概念设计单位和其他可能影响到整个建筑业的单位,应该在项目层面和产业层面上尽量减少安全风险。只有通过共同的合作,事故的数量才有可能被减少。

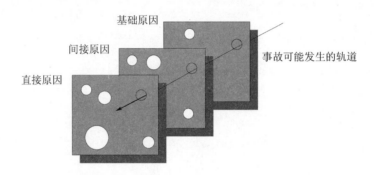

图 2.7　ConCA 建筑业事故原因模型对 Reason 理论的发展

2.2　理解施工现场的前馈信号及未遂事件

2.2.1　前馈信号及未遂事件的概念及其重要性

前馈信号可以从实时角度衡量安全风险,在事故发生之前认识到前馈信号能够为提高安全绩效和避免事故提供一种可能性,在许多领域已经开展了相关研究并应用到实际中。美国核管理委员会(U. S. Nuclear Regulatory Commission)早在十几年前就开发了一套"事故前馈信号体系"(Accident Sequence Precursors Program);美国国家航天航空局(National Aeronautics and Space Administration)同样也在数十年前建立了航空安全报告系统(Aviation Safety Reporting System);2003年美国国家工程项目办公室(National Academy of Engineering Program Office)采用了"事故前馈信号工程"(Accident Precursors Project)对复杂事故问题的前馈信号进行分析和管理。此外,事故前馈信号也在铁路、核电站、健康安全中心、财务公司以及银行系统中得到了广泛的应用[74]。

近年来,美国国家科学院已经开始将研究视角放到了可能导致安全事故发生的事故前馈信号、不良外界条件、微小事故、序列事件上,聚集了大批风险专家、工程师、医生和来自不同行业的政策制定者所组成,该项研究表明许多机构组织已经试图开始识别安全事故的前馈信号,并且期望从安全事故前馈信号中获取益处[75]。目前对于事故前馈信号(Precursor)并没有统一的定义,它可以以各种不同的方式进行定义。为了从更加广泛的角度进行讨论,Phismister 和 Bier 将"事故前馈信号"从广义的角度定义为:可以导致事故发生的状态、事件和操作程序[75]。在这个定义的基础上,前馈信号可以看做是事故的构成"砖块",它包括内部事件(如设备失误和人员失误)和外部事件(如地震等)对组织的影响程度。除此之外,一些组织则采用了事故前馈信号的狭义解释,他们把事故前馈信号看做是超过特定安全底线的事件,在这种情况下,事故前馈信号可以被定义成一个或多个安全系统的完全失败,或者是两个或多个安全系统的部分失败[74,75]。Weick 和 Sutcliffe 认为"事故前馈信号"能够提高组织的安全意识,他认为"事故前馈信号"的建立能够鼓励组织间进行有效持续的沟通,从而可以提高其安全意识,并且增强其对潜在风险和安全风险的讨论意愿[103]。

Grabowski 等学者同样认为在事故发生前识别出安全事故前馈信号对于提高安全性具有极大的潜力。对于安全事故前馈信号的广义定义认为,凡是可能能够导致事故发生的条件、微小事故以及序列均为安全事故前馈信号[104]。Phimister 和 Bier 认为,在灾难之后,人们通常会寻找一些在事故前被识别和管理的前馈指标和错误信号,这些指标和信号都有可能避免这些事故的发生[75]。Bier 和 Yi 提出事故前馈信号是介于实际事故和在日常经常发生的各种次要失误之间的中间严重程度的事件,如系统的不安全状态[76]。Sonnemans 和 Korvers 提出了对于组织重复发生事故的思考,指出事故再发的同时,"失常状态"比事故再发具有更高的频率,将这种"失常状态"定义为再发事故的前馈信号[77]。Schaaf 等学者也指出,对前馈信号的管理可以带来很多的好处:首先,通过管理和分析这些事故的前馈信号可以揭示出特定系统或技术的问题所在及事故发展的过程;其次,由于事故前馈信号的发生往往要比事故数量多得多,因此分析事故前馈信号能够有效地找到系统安全的发展趋势或者对其进行有效监测(例如,事故"未遂事件报告系统"能够提高安全系统的性能,并能有效降低事故发生的可能性)[78]。

Bird 和 Germain 认为事故前馈信号的数据要比事故数据丰富的多,可以通过分析事故前馈信号的数据来降低事故发生的不确定性,在此基础上,他提出将未遂事件(near-miss)作为一种事故前馈信号,通过分析未遂事件以提高安全状态[79]。他认为在一个给定的情景下,未遂事件的发生频率比事故发生频率要高得多,通过分析未遂事件可以预防事故发生,这一观点也被其他的学者所认同,这其中的例子包括:哥伦比亚号航天飞机事故[80]、挑战者航天飞机事故[81]、三哩岛[100]事件、协和飞机坠毁事件[75]、伦敦的帕丁顿火车相撞事件[101],以及莫顿盐业化工厂爆炸事件[102],这些重大事故发生前都出现了未遂事件。Bier 和 Yi 同时提出,事故前馈信号或未遂事件对于估算事故的发生概率是非常有帮助的,尤其是当安全事故数据非常少时,同时总结了几种基于事故前馈信号进行事故预测的方法,通过统计分析比较指出了最适合在实际中进行应用的方法[76]。

2.2.2　施工现场的前馈信号及未遂事件

Suraji 等人将未遂事件解释为意外发生的微小事故,该微小事故继而导致或极有可能导致安全事故的发生,即有可能引起施工现场人员或一般公众的伤亡,并可能导致对于环境或财产的损害[51]。考虑到安全事故数据稀少的特点,一个方法便是在施工现场采用未遂事件报告系统,该系统可以从更加广泛的程度来定位前馈信号。未遂事件可定义为:并没有引起人员伤害或财产损失的事件,但是一旦外界条件发生变化,就有可能导致人员的伤亡[75]。

人们已经广泛地认识到,施工现场的安全事故只是冰山一角。Heinrich 指出,90.9%的安全事故并没有引起任何人员伤亡,而 8.8%的安全事故仅仅导致了微小的伤害,只有 0.3%引起了主要的伤亡事故(303:29:1)[12]。同样的结论也在一些其他研究中得到共鸣[72,73]。在建筑业相关研究中,修正后的安全事故致因三角模型描述了从未遂事件到致命事故的发展过程,并且该模型认为对于关键安全危险源的识别远远没有达到理想状态[12]。考虑到未遂事件和安全事故数量上的对比关系,对未遂事件的分析是对安全事故数据的极大补充。

当采用事故前馈信号的广义定义时,不难发现未遂事件正是一种重要的前馈信号。但是,一些机构使用事故前馈信号一词来描述那些超过一定安全水平的未遂事件[75]。根据本书的研究目标,在本书中出现的事故前馈信号一词也定义为那些超过一定安全水平的事件,这意味着事故前馈信号至少在先前的事故中发生过一次,或者曾经被确认过具有较大危险性的未遂事件(如经过未遂事件上报系统分析过的未遂事件)。也就是说,通过分析历史安全事故可以寻找到事故前馈信号。应当指出的是,未遂事件应以一种更加广泛的形式定义,它应该包括所有的缺陷和异常事件。此外,通过对可能导致事故发生的未遂事件的分析,也能补充前馈信号的数据库。事故前馈信号和未遂事件对于可能发生的事故提供了极高的洞察力,并且对于进一步提高施工现场安全具有重要意义。为了后面研究的需要,本书中所采用的前馈信号和未遂事件的关系如 2.8 所示。

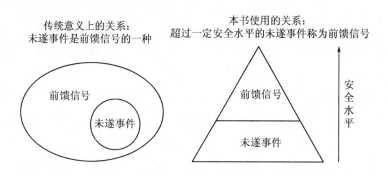

图 2.8　本书中所采用的前馈信号和未遂事件的关系

此外,事故的即时因素对于施工现场安全事故的发生具有催化加剧作用,这一点也已经被广大学者阐明。多米诺骨牌理论指出了事故发生前的即时因素的内涵[72]。Fang 等发现不安全状态和不安全行为正是事故发生的即时因素[1]。拉夫堡大学的 ConCA 事故因果关系模型认为事故的即时因素正是工作人员、工作环境,设备(机械)和材料之间的相互协调作用的失败[58]。此外,ConCA/Reason 模型得出结论,即事故即时因素正是最终的环境和现场工作人员,他们是事故的即时因素中的主要因子,因此我们需要将注意力放在减少它们自身的"孔洞"上[58]。因此,针对即时因素进行前馈信号和未遂事件的分析对提高安全绩效具有重大意义。

2.2.3 施工现场完整的安全管理系统构建

Cooper 指出安全危险源的监控对于预测安全事故是至关重要的,然而现存的安全预测方法并没有做到这一点[68]。以此同时,安全监控系统被指出是监控已知事故前馈信号的方法,未遂事件报告系统是监控未知前馈信号的方法[69]。本书在 1.2.3 节中已经分析了目前研究以及实践中存在的不足之处:① 就目前的安全管理系统而言,缺乏一个能够及时、有效地阻止即时因素,从而阻止事故发生的机制;② 就基于安全危险源进行的预测而言,对施工现场安全危险源的前馈信号的研究不够重视;③ 目前对安全风险的预测精度远远没有达到令人满意的程度,离实时预测的要求还有很大差距。正是在这种背景下,本书提出了一种完善施工现场安全绩效提高途径的系统模型,如图 2.9 所示。提出该模型的主要目的在于,通过加强对安全事故的即时因素的分析,强化对安全事故前馈信号的实时监控,完善和改进现有的施工现场提高安全绩效的途径。完善后的安全管理系统分为三个子系统:实时监控子系统、常规的持续改进子系统和未遂事件报告子系统。

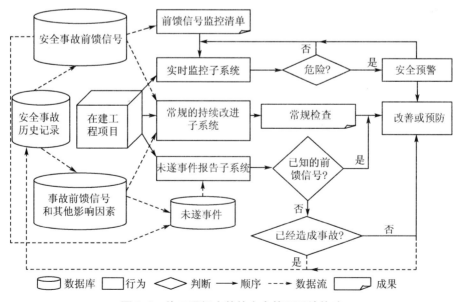

图 2.9 施工现场完整的安全管理系统构建

　　目前,常规持续改进子系统是一种提高安全绩效的普遍做法。根据历史安全事故的调查分析结果以及其他对危险源的分析,得到安全危险源的常规检查清单,可以检查某一类安全危险源在特定时期内是否在控制范围中。同时,根据检查结果采取相应的安全事故的改善和预防措施。常规持续改进子系统是应对已知危险源的主要途径,对这个子系统的详细研究不属于本书的范围。

　　未遂事件报告子系统也是用于改善施工现场安全的一种途径。最初的未遂事件数据库是由安全事故历史记录中分析的未遂事件所组成。因为施工现场对安全危险源的识别能力并不足以确定所有可能的安全危险源,考虑到施工现场的工人和相关人员是施工环境中最主要的能动因素,施工现场的每个工人都具有识别安全危险源的能力,他们对未知危险源的感觉是最直接的,因此,通过未遂事件报告子系统,所有可能导致事故发生的缺陷和异常事件都可以立即反应给相应的安全管理人员。因此,该子系统是一种非常有效的补充和完善安全事故前馈信号的方法。这种方法目前在英国和中国香港地区都已经开始被重视,被广泛应用以改进施工现场的安全绩效。如果某一个被报告的未遂事件与现存的事故前馈信号一致或是相似的话,那么将会采取与此相关的安全防范措施。如果该报告的未遂事件是以前数据库中并没有的、未知的未遂事件,那么我们将会把它定义为新的未遂事件。与此同时,将会对其进行安全分析,并且采取一定的预防措施来尽可能降低安全风险。同样的,该信息将会添加到安全事故前馈信号和事故即时因素数据库,以及未遂事件数据库中。对这个子系统的详细研究也不属于本书的范围。

　　实时监控子系统的目标是监控施工现场安全事故即时因素的前馈信号。该系统将从事故前馈信号和事故直接因素的数据库开始,该数据库是基于对安全事故的历史数据分析而建立的。对于某一类具体的安全事故而言,该数据库主要的成果便是相关安全事故前馈信号和事故直接因素的监控清单。然后,随着项目的不断进行,按照预先设计好的途径对事故前馈信号和即时因素进行实时监控,并计算相应的安全风险。在这个概念下,如果某事件超过了一定的警戒线,那么立即将预警信号传递给即将被卷入随之而来的安全事故的当事人,从而避免该可能的事故。同时,在施工现场采取相应的预防措施,从而提高施工现场的安全绩效。实时监控子系统的研究是本书的主要范围。

　　本书认为,基于事故前馈信号信息的实时监控子系统是一种阻断和预防事故发生的有效措施。的确,基于前馈信号设计和运行这样一个实时监控子系统面临着很多挑战,为了能够使预警成为现实,当事故前馈信号发生时,实时监控子系统应该能够识别、检测、筛选和评估这些前馈信号,并且能够发出警报从而中断和防止事故的发生。必须承认的是,建立一个具有以上所有功能的实时监控系统面临着很多的困难,但是,考虑如何能够做到这些,以及现有系统是否能够进行改进,对提高施工现场的安全绩效是非常重要的。从图2.9中可以看出,安全前馈信号和即时因素数据库是实时监控子系统的起点,如何基于安全事故的历史数据建立安全事故前馈信号和即时因素数据库是首先要解决的问题。

2.3 前馈信号及未遂事件调查模型(PaICFs)构建

2.3.1 阻止前馈信号及未遂事件成为事故的因素

安全事故是一种非常不利的事件[58,69]。Phimister 和 Bier 认为,当一些意外事件并没有转变为安全事故时,主要是由于以下三个原因[75]:① 加重因素消失了;② 减弱因素起了效果;③ 以上两个因素存在。在上述思想的基础上,针对建筑业施工现场的具体情况,阻止前馈信号及未遂事件成为事故的原因如下列等式所述:

$$\{安全事故\} = \{事故前馈信号/未遂事件\} + \{加重因素\} \qquad (2.1)$$

等式 2.1 表明,如果事故前馈信号/未遂事件发生的同时,一些特定的即时因素也发生了,那么就会导致安全事故的发生。

$$\{安全事故\} = \{事故前馈信号/未遂事件\} - \{减弱因素\} \qquad (2.2)$$

等式 2.2 表明,如果事故前馈信号/未遂事件发生的同时,并没有得到及时的阻断、预防或减弱,那么也会导致安全事故的发生。

$$\{安全事故\} = \{事故前馈信号/未遂事件\} + \{加重因素\} - \{减弱因素\} \qquad (2.3)$$

等式 2.3 则综合了等式 2.1 和等式 2.2 的思想。

$$\{安全事故\}_{n+1} = \{安全事故\}_n + \{不作为\} + \{时间\} - \{减弱因素\} \qquad (2.4)$$

等式 2.4 表明,如果在一个事故发生以后,并没有采取相应的预防类似事故再次发生的手段(即不作为),那么随着时间的推移,在将来也有可能再次发生类似的事故。此外,也可以从另外一个角度来解释等式 2.4,在不作为的情况下,一个安全事故在某种程度上也有可能是另外一个安全事故的前馈信号。

2.3.2 施工现场 PaICFs 调查模型构建

前馈信号及即时因素(PaICFs)数据库是实时监控子系统的基础和出发点,因此针对如何从安全事故历史记录中寻找 PaICFs 进行研究非常重要和紧迫。同时,与 PaICFs 数据库相关的是未遂事件数据库,通过未遂事件报告子系统对 PaICFs 数据库补充以前未知的前馈信号是重要的途径,因此,研究怎样从未遂事件报告系统中获得前馈信号对于实现实时监控子系统来说也是一个重要补充。

基于等式 2.1、等式 2.2、等式 2.3 和等式 2.4 的描述,本书提出了施工现场 PaICFs 调查模型,如图 2.10 所示。施工现场 PaICFs 调查模型的目标是从安全事故历史记录中获取关于前馈信号和即时因素的信息,并且从未遂事件报告子系统中上报的危险事件中获取可能的未遂事件,并补充到 PaICFs 数据库。

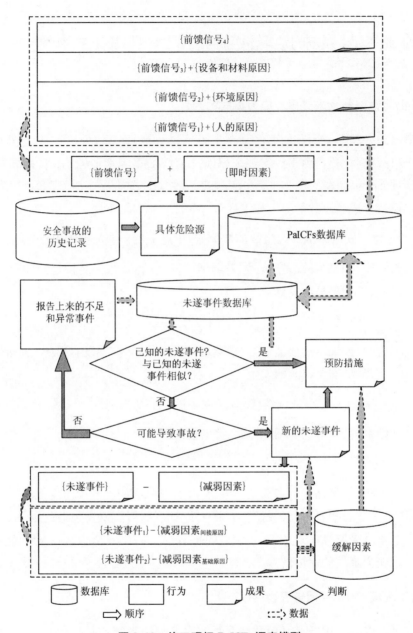

图 2.10　施工现场 PaICFs 调查模型

　　对于某一个具体的安全危险源而言,首先针对前馈信号和即时因素两个方面对安全事故历史记录进行分析。在开始分析的时候,采用拉夫堡大学 ConCA 的事故致因模型[58]中的直接原因(人的原因、环境原因、设备和材料原因)来进行分类,然后从历史事故信息中推断出可能的前馈信号。同时,由于有时事故本身也是一种前馈信号,所以从一个特定的事故记录中能够得到四种或更多的可能的前馈信号,如图 2.10 中所示。因此,能够建立起安全危险源的前馈信号和即时因素数据库,即 PaICFs 数据库,对于其他危险源也重复此工作,就能建立起所有危险源的 PaICFs 数据库。

然后,在从安全事故历史记录中得到的 PaICFs 数据库的基础上建立初步的未遂事件数据库,其作用是作为已知未遂事件数据库。如对于一个在建工程,当缺陷和异常事件通过未遂事件上报系统被报告上来时,此报告事件将被和未遂事件数据库之间进行比较和对比,检查这是否是一个已知的未遂事件或者是和已知的未遂事件相类似。

如果判断"是",将会提出相应的预防措施来消除安全隐患,这就类似于常规的持续改进子系统的做法。如果判断是"否",将会对其是否可能导致事故的发生进行分析和判断。如果的确有导致事故发生的可能性,这个报告上来的事件将会被看做新的未遂事件。此外,将会对这个新的未遂事件进行进一步的分析,获得间接原因和基础原因方面的缓解因素。此时,有可能获得两个或两个以上新的未遂事件,依次被添加到未遂事件初始数据库中。同时,根据更新的未遂事件数据库,前馈信号和直接因素数据库也得到了更新。按照这种方式,未遂事件数据库对 PaICFs 数据库的补充的功能得到了实现,增加了 PaICFs 数据库对未知前馈信号的补充。

2.3.3　应用示例

为了表明如何利用 PaICFs 调查模型进一步调查事故和所报告上来的异常事件,从拉夫堡大学为 HSE 编制的《Causal factors in construction factors》报告中[70]选取了一个实际的事故案例,利用 PaICFs 调查模型分析其可能的前馈信号。此外,虽然对未遂事件报告子系统的研究并不是本书的主要研究内容,但考虑到未遂事件数据库对 PaICFs 数据库的补充作用,利用这个实际的案例,进行了场景假设,说明了如何利用 PaICFs 调查模型分析其可能的未遂事件。

表 2.1 列举了可能的直接原因、间接原因和基础原因,这些原因分类使用的是参考文献[58]和[70]的研究成果。

表 2.1　可能的直接原因、间接原因和基础原因分类

直接原因	间接原因	基础原因
人的原因: 　　动作; 　　行为; 　　能力; 　　沟通; 环境原因: 　　布局; 　　空间; 　　照明; 　　噪声; 　　热,冷,潮湿; 　　当地的危险源。 设备和材料原因: 　　适用性; 　　可用性; 　　状态	施工人员因素: 　　态度,动机; 　　知识,技能; 　　监督; 　　健康和疲劳; 现场因素: 　　现场限制条件; 　　工作计划; 　　现场管理; 设备和材料: 　　设计; 　　规范; 　　供应和可获得性	第一层 　　业主需求; 　　经济环境; 　　施工教育 第二层 　　永久工程设计; 　　项目管理; 　　施工进程; 　　安全气候; 　　风险管理

1) 英国事故案例描述及分析

　　涉及的工人正在安装一个预制的木质屋顶桁架,他沿着脚手架的工作平台倒着走,从少了两块跳板的孔洞中摔落了下去,摔断了肋骨。在事故发生之前的某个时间,这个工人曾经跨过这个缺口,这个缺口是由于跳板不知道被谁移走而造成脚手架平台上的孔洞。受伤人员在调查时,表示他以前知道那里少了两块跳板,也感觉到了这是个危险源,但是他并没有针对该危险源采取任何的行动。造成这个事故的主要原因如表2.2中的第2列所示。当然,也可以按照第1章中图1.1总结的因素去分析事故原因,图1.1总结的因素反映了目前相关研究的成果。

表 2.2　直接原因和可能的前馈信号

直接因素	可能的前馈信号
环境原因: (1) 脚手架上缺少了两块跳板 人的原因: (1) 事故涉及的工人在事故发生之前知道脚手架上少了两块跳板,但没有采取任何行动消除该危险源; (2) 涉及的人员后退着走,没有看到身后的缺口	人和设备及材料原因之间的交互作用: (1) 在脚手架上工作时,过于接近没有脚手架跳板(或者孔洞)的地方; (2) 拿着东西并且在后退,没有注意脚下的情况; (3) 一个工人移走了脚手架的一块跳板,但没有人立刻将空的地方填好; (4) 工作时,没有足够的有效的预防高空坠落的保护措施。 环境和设备及材料原因之间的交互作用: 脚手架上某些地方少了些跳板

　　进而,利用 PaICFs 来寻找和推断该危险源可能的前馈信号。图2.11表明了调查前馈信号的逻辑路线。

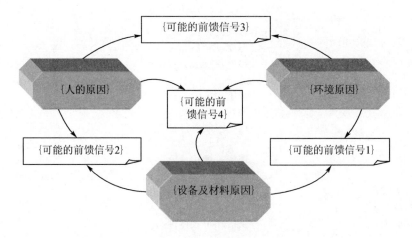

图 2.11　一个安全事故记录中可能的前馈信号来源

首先,一个主要的原因是"脚手架上缺少了两块跳板",这属于直接原因的"设备及材料原因",然后,与这一直接原因相对应的,前馈信号就可能是"人的原因"与"设备及材料原因"之间的交互作用,也就是"在脚手架上工作时,过于接近没有脚手架跳板(或者孔洞)的地方"。与这个因素相对的其他可能的前馈信号是"拿着东西并且在后退,没有注意脚下的情况"、"一个工人移走了脚手架的一块跳板,但没有人立刻将空的地方填好"和"工作时,没有足够的有效的预防高空坠落的保护措施"。类似的,另一个原因是"事故涉及的工人在事故发生之前知道脚手架上少了两块跳板,但没有采取任何行动消除该危险源",这属于"人的原因"。然后,可能的前馈信号是"环境原因"和"设备及材料原因"之间的交互作用,即"脚手架上某些地方少了些跳板"。同时,也应该考虑"人的原因"、"环境原因"和"设备及材料原因"之间的交互作用。如果不采取相应措施去阻止类似行为的重复发生,这些可能的前馈信号就很有可能在将来再次导致类似事故的发生。因此,表2.2列出了这个案例中四种可能的前馈信号。考虑到对这些信息的进一步使用,这个事故的前馈信号可以用如下等式的形式来表示:

{安全事故}={脚手架上某些地方少了些跳板}+{在脚手架上工作时,过于接近没有脚手架跳板(或者孔洞)的地方}+{一个工人移走了脚手架的一块跳板,但没有人立刻将空的地方填好}+{拿着东西并且在后退,没有注意脚下的情况}+{工作时,没有足够的有效的预防高空坠落的保护措施}

的确,施工现场发生与这些前馈信号相同或者相似的行为并不是每次都会导致安全事故的发生,因为事故只是冰山一角。但是,如果我们能够跟踪这些前馈信号并采取中断措施避免这些前馈信号的发生,那么就可以极大地降低安全事故重复发生的可能性。此外,PaICFs调查模型能够从一个历史事故记录中推断并得到多达四个或更多可能的前馈信号,这表明PaICFs调查模型能够部分地克服建筑业安全事故历史记录缺乏及不足的问题。

2) 假设场景

虽然对未遂事件报告子系统的研究并不是本书的主要研究内容,但考虑到未遂事件数据库对PaICFs数据库的补充作用,利用2.3.3中实际的案例描述,进行了场景假设,简要地说明了如何利用PaICFs调查模型分析可能的未遂事件。

假设某个施工现场上,一个工人通过未遂事件上报子系统报告了一个他认为具有安全隐患的事件。他报告说,一个同事经常在脚手架上后退,并且不注意四周脚下的情况,在那天下午差一点就从脚手架上摔下来。

在收到报告后,调查人员首先在未遂事件数据库中搜索相关关键词,如"后退"以及"脚手架",然后,容易判断这个报告上来的事件与已知的以前调查过的前馈信号相似。如果不采取任何措施,这个报告中提到的工人可能会在将来发生类似的事故。因此认为这个被报告上来的事件是一个已知的未遂事件,分析并采取措施,如表2.3所示。

表 2.3　未遂事件及减轻因素的分析

已知的前馈信号或与已知的前馈信号 相似的间接原因以及基础原因	可能的减轻因素
间接原因： (1) 缺乏对涉及人员的培训，缺乏安全意识； (2) 缺乏对脚手架上跳板进行常规检查 基础原因： (1) 缺乏风险管理意识； (2) 缺乏对于工作空间的考虑	与间接原因相对应的： (1) 就"在脚手架上后退，并且不注意四周脚下"的情况可能导致的事故对施工人员进行专门的培训或者某种形式的研讨会； (2) 立即检查脚手架跳板是否有缺少 与基础原因相对应的： (1) 对"在脚手架上后退，并且不注意四周脚下"提出风险管理方法； (2) 在设计时尽量考虑减少在高处进行的工作，或者是在设计时提供足够的工作空间

　　当然，如果认为这个被报告上来的事件不是一个已知的前馈信号，也不是与已知前馈信号相似的事件，那么，则应进行进一步的分析，核查其是否有可能导致事故的发生。如果判断是"是"，那么被报告上来的事件就被看做是一个新的未遂事件，并添加到未遂事件数据库中，进而被添加到 PaICFs 数据库中。

2.4　本章小结

　　针对现有研究及实践中提高安全绩效的不足之处，本章首先分析了施工现场的前馈信号及未遂事件对提高安全绩效的重要意义，并在此基础上，构建了完整的施工现场安全管理系统。经过完善和改进后的安全管理系统由三个子系统构成：实时监控子系统、常规的持续改进子系统和未遂事件报告子系统。进而阐述了各个子系统的功能、目标以及各个子系统之间的关系。

　　其次，考虑到安全事故前馈信号数据库是实时监控子系统的起点，本章重点建立了施工现场前馈信号及未遂事件（PaICFs）调查模型，其主要目标是从安全事故历史记录中寻找PaICFs。同时，PaICFs 调查模型也可以用于从未遂事件报告系统中获得前馈信号，以对PaICFs 数据库进行补充。

　　最后，在英国 HSE 施工现场安全事故调查结果的基础上，对如何使用 PaICFs 调查模型从安全事故历史记录中获得前馈信号进行了示例分析，并且简洁地说明了如何利用 PaICFs调查模型分析可能的未遂事件。

　　结果表明，针对施工现场的前馈信号和未遂事件进行分析，对减少安全事故的重复性发生具有重要意义；利用 PaICFs 调查模型能够从一个历史事故记录中推断并得到多达四个或更多可能的前馈信号，能够部分地克服建筑业安全事故历史记录缺乏的问题，对提高施工现场的安全绩效具有重要作用。

3 基于 PaICFs 模型的案例分析及效果检验

3.1 理论基础及研究方法

3.1.1 案例分析

无干扰研究(unobtrusive research)指研究者不直接观察研究对象的行为,也不直接沟通,不引起研究对象的反应,更不干扰其行为[82,83,84]。无干扰研究可分为三类:文本分析、现有统计数据分析和历程比较分析。现有的文本、统计数据和历史记录中蕴含着无数有待人们去发现的问题和规律。案例分析法属于无干扰研究中的现有统计数据分析的一种,现存统计数据可来自多方面:如研究报告、官方统计资料、信息调查研究机构和咨询公司的数据库。在美国等发达国家这三类数据的来源都比较丰富,有许多专业人员从事此项工作,而且检索、获取和使用各个环节运作规范,研究人员按需要可方便地使用这些数据[82,83,84]。

3.1.2 调查问卷

问卷法是被普遍使用的研究方法之一。李怀祖详细分析了研究者使用问卷方法应该注意的问题及设计的程序[84]。他指出,使用中存在的突出问题是误用,即将随意构建的不完善的问卷向公众分发,或者以为有张问卷就算是实证研究,而不去审视问卷的质量。构建问卷之前首先要阐明问题,明确问卷主题,即所要研究的问题和待验证的假设,以便被询问者可根据个人意见无误解地给出答案。然后,采用合适的抽样技术选择调查对象,研究者应估计所选对象是否能够并愿意提供所预期的信息。问卷构建是问卷法的主要内容,主要包括封面信、指导语、问题和答案,还有一些辅助内容,如问卷名称、问卷编号、问题编码等。所提问题应遵循"一个问题包括一个明确界定的概念"的原则。问卷设计的禁忌包括:设计问卷不能带有倾向性,不提有可能难以真实回答的问题,不能把未经确定的事情当做前提假设。

3.1.3 Kappa 统计值

为了对问卷的结果有一个更加全面和深入的认识,本书进一步衡量了问卷参与者之间的内部一致性程度,使用 Kappa 统计值来衡量问卷结果是否完全(或者部分)是由于偶然性造成的。

Kappa 统计值是被广泛采用的、用来衡量去除了偶然性以后的内部一致性的统计量[85,86,87]。这种方法在临床诊断、分类等领域得到了非常广泛的应用[86,87]。这种方法考虑了由于偶然性达成一致的可能性，通过首先从表面一致性（overall agreement）里面减去由于偶然性导致一致性的可能性（chance-expected agreement），然后再除以非偶然性导致的一致性（等于 1 减去 chance-expected agreement），从而计算出相应的 Kappa 统计值[89,90]。一般而言，对应于不同的应用场景，Kappa 统计值有三种方法：① 每个问题有两个选项，每个问题都是相同的两个评分人；② 每个问题有多个选项，每个问题有相同的两个评分人或者不同的两个评分人，这种方法也称为权重 Kappa 统计值（weighed kappa）；③ 每个问题有多个选项，每个问题由多个评分人来评分。

1）两个选项和两个评分人

为了简单说明这种方法的计算过程，假设两个人一起分别对一栋建筑是否美观进行评价。评价的问卷一共设计了 20 个关于是否美观的小问题，每个问题有 2 个选项，分别是"是"和"否"。这两个人评价的结果及 Kappa 值的计算过程如表 3.1 所示。

表 3.1 Kappa 值计算过程示例

关于建筑是否美观的评价结果			
		评价者 1 的评价结果	
		是	否	总数
评价者 2 的评价结果	是	14	2	16
	否	1	3	4
	总数	15	5	20
关于建筑是否美观的评价测评表			
		评价者 1 的评价结果	
		是	否	总数
评价者 2 的评价结果	是	a	b	p_{1*}
	否	c	d	p_{2*}
	总数	p_{*1}	p_{*2}	1

a 和 b 分别表示评价者 2 评价为"是"，而评价者 1 评价为"是"和"否"的比例；c 和 d 分别表示评价者 2 评价为"否"，而评价者 1 评价为"是"和"否"的比例。如果二者没有不一致的选项，那么 b 和 c 就是 0，表面的一致性（p_0）就是 1；如果二者没有一致的选项，那么 a 和 d 就是 0，表面的一致性（p_0）就是 0。$p_{1*}=a+b$；$p_{2*}=c+d$；$p_{*1}=a+c$；$p_{*2}=b+d$。

计算由偶然性造成一致性的可能性（p_e）：

$$p_e=(p_{1*}\times p_{*1})+(p_{2*}\times p_{*2})$$

计算 Kappa 值：

$$Kappa=(p_0-p_e)\div(1-p_e)$$

在此案例中,计算结果如下。

$$p_o = a + d = \frac{14}{20} + \frac{3}{20} = 0.85 \tag{3.1}$$

$$p_e = \frac{14+2}{20} \times \frac{14+1}{20} + \frac{1+3}{20} \times \frac{2+3}{20} = 0.65 \tag{3.2}$$

$$\text{Kappa} = \frac{p_o - p_e}{1 - p_e} = \frac{0.85 - 0.65}{1 - 0.65} = 0.57 \tag{3.3}$$

为了检验"假设潜在 Kappa 统计值等于 0"的假设,相关学者同时构建了相关统计量,将结果对照标准正态分布统计表进行 Z 检验[89],用这种方法也可以计算出 Kappa 统计值相应的置信区间。

对 Kappa 统计值的解释一直是研究人员关心的热点问题。就 Kappa 值的意义而言,它的变化范围是从 -1 到 +1。在小于 0 的情况下,表明结果是由于偶然性造成的(no agreement beyond chance),等于 1 则表示"完美的一致性"(perfect agreement)。表 3.2 表示了对 Kappa 统计值进行解释的常用的指导性标准[86,87]。如果按照这种解释,0.57 表示的意思是两个评价者达成一致性意见的程度是"中等的"。

表 3.2　对 Kappa 统计值进行解释的指导性标准

Kappa 统计值	并不是由于偶然性造成的一致性的支持强度
<0	很差(poor)
0~0.20	微弱的(slight)
0.21~0.40	清楚的(fair)
0.41~0.60	中等的(moderate)
0.61~0.80	本质的(substantial)
0.81~1.00	几乎完美的(almost perfect)

然而,需要注意的是,正如 Viera 等学者指出的,在 Kappa 统计值解释的指导性标准中,关于刻度的划分是具有主观性的[85]。而且,Feinstein 和 Cicchetti 发现,在某些情况下,Kappa 存在"悖论",即所谓的"高一致性但低 Kappa 统计值"的现象[90]。Cicchetti 和 Feinstein 同时提出了解决的方案,即在计算 Kappa 统计值的同时,为了避免 Kappa 统计值固有的缺陷,建议同时计算另外两个指标作为参考[91],以便帮助人们判断不一致性到底是来自哪个方面的不一致。这两个指标便是"正面评价一致性指标"($p_{positive}$)和"反面评价一致性指标"($p_{negative}$)。利用表 3.1 里面的数据,二者的计算过程如下。

$$p_{pos} = \frac{a + a}{p_{1*} + p_{*1}} = \frac{14 + 14}{16 + 15} = 0.90 \tag{3.4}$$

$$p_{neg} = \frac{d + d}{p_{2*} + p_{*2}} = \frac{3 + 3}{4 + 5} = 0.67 \tag{3.5}$$

这两个参考指标的值说明,对正面评价的一致性要显著高于对反面评价的一致性,不一致性主要在是由于反面评价的不一致。显然,这两个辅助指标的计算有利于我们更好的解释和利用 Kappa 统计值。

2) 多个选项和两个评分人(权重 Kappa 统计值)

在选项多于 2 时,同时考虑到在很多情况下,距离远的两个选项的差异性要比距离近的两个选项的差异性要大。比如说在"两个人评价建筑物是否美观"的 20 个问题中,每个问题都有四个选项,如:A. 非常美观;B. 美观;C. 不怎么美观;D. 一点都不美观。那么如果在某个问题中,第一个评价人选择的是 A,第二个评价人选择的是 D,那么一般认为他们是完全不一致。但如果第一个评价人选择的是 A,第二个评价人选择的是 B,那么二者的一致性程度就要高于以上那种情况。为了反映这种差异性,就要给每一个情况赋以不同的权重。权重 Kappa 统计值就是为了解决这种情况。

由于理论上的一些原因,Fleiss 建议为每对比较选项按照以下的公式赋以以下的权重:

$$w_{ij} = 1 - \frac{(i-j)^2}{(k-1)^2} \tag{3.6}$$

这也是被广泛采用的赋权重方法之一,式(3.6)中 i 表示行数,j 表示列数,k 表示选项个数。表面一致性(overall agreement)通过以下公式计算:

$$p_o(w) = \sum_{i=1}^{k} \sum_{j=1}^{k} w_{ij} p_{ij} \tag{3.7}$$

由偶然性导致的一致性计算公式如下:

$$p_e(w) = \sum_{i=1}^{k} \sum_{j=1}^{k} w_{ij} p_{i \cdot} p_{\cdot j} \tag{3.8}$$

则权重 Kappa 值为:

$$\kappa(w) = \frac{p_o(w) - p_e(w)}{1 - p_e(w)} \tag{3.9}$$

为了检验"假设潜在 Kappa 统计值等于 0"的假设,相关学者也构建了统计量,将结果对照标准正态分布统计表进行 Z 检验[89]。标准差的计算公式如下:

$$se_0[\kappa(w)] = \frac{1}{[1-p_e(w)]\sqrt{n}} \sqrt{\sum_{i=1}^{k} \sum_{j=1}^{k} p_{i \cdot} p_{j \cdot} [w_{ij} - (\overline{w_{i \cdot}} + \overline{w_{\cdot j}})]^2 - p_e^2(w)} \tag{3.10}$$

式(3.10)中:

$$\begin{cases} \overline{w_{i \cdot}} = \sum_{j=1}^{k} p_{\cdot j} w_{ij} \\ \overline{w_{\cdot j}} = \sum_{i=1}^{k} p_{i \cdot} w_{ij} \end{cases}$$

然后将 z 值：

$$z = \frac{\kappa(w)}{se_0[\kappa(w)]} \qquad (3.11)$$

和正态分布表中的值进行比较，以确定是否拒绝假设。

3) 多个选项和多个评分人

当涉及多个评分人评价多个项目时，最常见的做法是取所有可能的不同两个人之间的 Kappa 统计值，然后取所有 Kappa 统计值的平均值。用公式表示则是：

$$\kappa_{ave}(w) = \frac{1}{Q} \sum_{q=1}^{Q} \kappa_q(w) \qquad (3.12)$$

Fleiss 建立了另外一种一次性计算"多个选项，多个评分人"情况下的 Kappa 统计值[88]，但并没有得到广泛的应用。其最大的问题在于对结果的解释上，因为不一致性会随着选项的增多以及评价人数的增多而减小，按照这种方法计算出来的 Kappa 值相对比较小，不太适合去和一般性意义下的 Kappa 统计值的指导标准进行比较（参见表 3.2）。

3.2　案例分析的结果

3.2.1　统计结果

从高处坠落（fall from height）是施工现场最主要的致命原因。此外，Chi 等学者的研究结果表明，在施工现场从脚手架和作业平台坠落的死亡数占高处坠落死亡数的 30% 以上（中国台湾），成为高处坠落事故最主要的组成部分[55]。因此，由于脚手架坠落事故的严重性和普遍性，选取其作为研究对象，来阐明 PaICFs 模型的应用。

研究中所选取的案例和数据，主要来源于美国职业安全与健康管理局（OSHA）。这些案例和数据编制在 Microsoft Access 数据库的表之中。数据库中包含了美国 1990—2008 年以来的 14 000 多个伤亡事故。这个数据库真正有价值的地方在于，每一个案例包含了描述事故发生时的现场情景摘要以及详细的事故描述。这对于分析特定危险源的前馈信号，提供了有潜在价值的信息。另外一部分案例来自于英国拉夫堡大学完成的报告《Causal factors in construction factors》[70]，共 100 个案例。

首先，在该数据库中进行"事故原因"＝"从脚手架摔落"（fall from scaffold）的查询（去除重复记录），结果被随机地分成 10 个案例一组。然后，使用 PaICFs 模型去分析每一个案例的前馈信号，一组一组的分析，直到下一组不会出现新的前馈信号为止。本项分析一共进行了 5 组，对 50 个脚手架坠落案例进行了分析。分析第四组时，仅得到一个新的前馈信号，分析第五组时，没有得到新的前馈信号，因此，分析工作到此为止。案例分析的结果，从施工现场脚手架摔落的前馈信号及其在 50 个案例中的频率,如表 3.3 所示。

表 3.3　从施工现场脚手架摔落的前馈信号及其在 50 个案例中的频率

前馈信号	编码	频率
在脚手架上工作时,过于接近没有脚手架跳板(或者孔洞)的地方 ……………	FS1	6
拿着东西并且在后退,没有注意脚下的情况 ………………………………	FS2	7
一个工人移走了脚手架的一块跳板,但没有人立刻将空的地方填好 …………	FS3	2
脚手架上某些地方少了些跳板 …………………………………………	FS4	2
工作时,没有足够的有效的预防高空坠落的保护措施 ……………………	FS5	49
下雨时或者雨后,在脚手架上工作 ……………………………………	FS6	2
脚手架上的光线不够 ……………………………………………………	FS7	1
脚手架没有保护栏杆 ……………………………………………………	FS8	16
在脚手架做一些有变化的强制力的工作(如清洗浇注混凝土的泵管) ……	FS9	1
依靠在脚手架的保护栏杆上 ……………………………………………	FS10	1
从脚手架上移出,跨到建筑物或结构上 ………………………………	FS11	10
以不正确的顺序搭建、移走、移动脚手架或者脚手架上的跳板 …………	FS12	4
使用未经检查完毕的脚手架 ……………………………………………	FS13	1
靠近没有完全固定好的跳板的末端 ……………………………………	FS14	2
在脚手架上失去平衡 ……………………………………………………	FS15	3
不使用脚手架上的梯子爬下脚手架 ……………………………………	FS16	2
有心脏病的工人在脚手架上工作 ………………………………………	FS17	1
从一个工作区到另外一个工作区时,解开了以前的防高空摔落设施但没有立即接到新的防高空摔落设施上	FS18	2
使用靠在移动脚手架上的梯子 …………………………………………	FS19	4
修理起重机时,提升臂没有固定好 ……………………………………	FS20	1

结果表明,在这 50 个脚手架摔落案例中,频率排名靠前的 5 个前馈信号是:"工作时,没有足够的有效的预防高空坠落的保护措施";"脚手架没有保护栏杆";"从脚手架上移出,跨到建筑物或结构上";"拿着东西并且在后退,没有注意脚下的情况";"在脚手架上工作时,过于接近没有脚手架模板(或者孔洞)的地方"。但是,需要注意的是,考虑到未遂事件与事故的经验比例 300∶1[12,72,73],其他出现频率相对较少的前馈信号,对提高施工现场的安全也很重要。英国 HSE 的研究也指出,即使是没有发生伤亡事故的小事件,大部分也具有导致更加严重后果的可能性[70]。

3.2.2　英美安全事故影响因素的相同性及差异性分析

各个国家之间安全事故影响因素的共同性及差异性也一直是众多学者关心的问题,那么从美国 OSHA 数据库中得到的前馈信号,是否也适用于英国和其他国家,以促进这些国家建筑业施工现场的安全绩效呢? 为了对这个问题进行初步回答,本书选取了原因类似、但场景又完全不同的两组案例,以比较它们的前馈信号。英国的案例仍然来源于 HSE 的施工现场事故原因报告,美国的案例仍然来源于 OSHA。详细的事故描述及对应的前馈信号,见表 3.4 和表 3.5,整个过程仍然采用 PaICFs 模型进行的分析。

表 3.4 英国和美国施工现场安全事故对比案例(1)

英国对比案例 1	美国对比案例 1
英国案例 1 的描述: 工人正在安置屋顶三角形桁架。他举着东西沿着脚手架工作平台向后退。在某一个点上,由于缺少两块跳板而产生了孔洞,他掉入了孔洞。不知道是谁之前移走了这些跳板。而在接受调查时,该工人表示,他知道跳板已经被移走了,而且他也意识到这是危险的,但是没有去把这两块板补上。该工人从孔洞掉了下去,摔断了肋骨。 英国案例 1 的前馈信号: (1) 在脚手架上工作时,过于接近没有脚手架跳板(或者孔洞)的地方; (2) 拿着东西并且在后退,没有注意脚下的情况; (3) 一个工人移走了脚手架的一块跳板,但没有人立刻将空的地方填好; (4) 脚手架上某些地方少了些跳板	美国案例 1 的描述: 2001 年 6 月 26 日,大约下午 1:30,一个工人从楼面和脚手架通道处的孔洞中摔落,直接摔到了 55 英尺下的地面上。该工人正在一个体育场馆安装铝制外墙,同时还有其他三个工人正在脚手架上工作。当事故发生时,该工人正在将一些工作材料拿回,想放到脚手架上去。该工人想后退到 2 英寸宽 12 英寸长的木板上,这个木板作为脚手架和建筑物上的通道。但是木板被移走了,该工人就从原来放木板的地方掉了下去。该工人落到了 55 英尺下的地面上,导致致命伤害。 美国案例 1 的前馈信号: (1) 在脚手架上工作时,过于接近没有脚手架跳板(或者孔洞)的地方; (2) 拿着东西并且在后退,没有注意脚下的情况; (3) 一个工人移走了脚手架的一块跳板,但没有人立刻将空的地方填好; (4) 脚手架上某些地方少了些跳板

表 3.5 英国和美国施工现场安全事故对比案例(2)

英国对比案例 2	美国对比案例 2
英国案例 2 的描述: 在工作日的末尾,一个工人正在清洗混凝土泵的软管,一个湿的泡沫材料在管内,被受压的空气推至另一端。事故报告表明,一个操作人员就站在混凝土泵软管的末端,在推力的作用下,湿的泡沫通过软管喷射了出去,管子的推动力将工作人员甩到了柱子上。在接受调查时,他表明,在事故发生之前,他试图抓住该管子,因为他知道管中有压力,有可能会击到其他人。他的臀部和背部受伤,休息了一个星期。 英国案例 2 的前馈信号: (1) 在脚手架做一些有变化的强制力的工作 (如清洗浇注混凝土的泵管)。	美国案例 2 的描述: 2007 年 4 月 2 日,大约下午 2:30,在 Brighton,一个工人正站在脚手架上,工作平台就是脚手架。脚手架平台位于木甲板以上 25 英尺。他正拿着一根 2.5 英寸的橡胶软管,试图浇注混凝土墙。软管被堵住了,他们试图清理软管。他们将海绵橡胶塞放入软管中,用压缩空气推动橡胶塞通过软管。当海绵橡胶塞到软管末端时,由于橡胶塞导致的推力作用,软管突然剧烈抖动,击中了脚手架上的工作人员。工作人员没有防坠措施,没有保护栏杆。当他坠落到地板时,该人员受到了致命的头部外伤。 美国案例 2 的前馈信号: (1) 在脚手架做一些有变化的强制力的工作(如清洗浇注混凝土的泵管); (2) 工作时,没有足够的有效的预防高空坠落保护措施; (3) 脚手架没有保护栏杆

事实上,虽然各式各样的指标被用来描述和评价安全事故的影响因素,各个国家之间的事故发生率差异很大,而且各个国家建筑业的特点也各不一样。同时,就根本原因来说,这两组事故在作业环境、工作程序、使用材料和脚手架方面都不相同,这是由于不一样的建筑技术、产品类型、安全管理实践等因素导致的。

当我们从施工现场安全事故的根本影响因素进行比较时,差异性比相同性更为明显。然而,当我们从安全事故的前馈信号的角度进行比较时,它们几乎是一样的。而且从层次上来看,从前馈信号的角度进行比较和分析,要比从根本影响因素的角度进行比较和分析更加宏观一些。英国的两个案例的前馈信号就和美国的两个案例的前馈信号几乎是一样的,只不过在第二组对比案例中(参见表 3.5),美国案例中的工作是在脚手架上进行的,英国的案例中的工人没有在高空进行。所以,初步比较和分析的结果表明,当从前馈信号层的角度去分析施工现场的安全事故时,前馈信号的相同性要比差异性明显的多。换句话说,我们认为,从前馈信号角度进行的分析,各个国家可以尝试着利用其他国家的案例,因为在这个层面上,相同性要比差异性明显的多。

3.3 针对英国施工企业现场安全顾问的调查问卷

3.3.1 问卷背景

为了验证采用 PaICFs 模型得到的前馈信号的可用性及有效性,我们设计了调查问卷,以获得英国施工现场安全负责人或者安全顾问对所获得前馈信号的认可程度。简而言之,就是让参与者回答,如果我们识别出这些安全事故的前馈信号,对未来提高施工现场的安全绩效是否重要(选项为"非常重要","比较重要","不怎么重要"和"一点都不重要")。

我们将调查问卷(原稿请参见附录 1)通过电子邮件的方式,发送给英国 241 个建筑公司的安全负责人和安全顾问。总共收回 43 份调查问卷的回复(39 份通过 E-mail 形式,4 份通过邮件形式),问卷回收率约为 18%。在返回问卷的参与者当中,41 人(95%)是安全负责人或者安全顾问,另外 2 人曾经是安全负责人或者安全顾问。35 人(81%)在英国施工现场工作超过 11 年,5 人(12%)为 6 到 10 年,只有 3 人(7%)为 2 到 5 年。29(67%)人拥有大学学历,16(33%)人拥有"接受进一步教育获得的证书"。考虑到我们问卷调查的对象都是各个建筑公司的安全负责人或者安全顾问,参与调查问卷的被调查者多数具有本科及以上学历,并且多数被调查者都具有 5 年以上的英国施工现场的工作经验,返回问卷的质量和数量可以达到预先设计问卷的目标。

3.3.2 统计结果

返回的调查问卷的描述性统计分析如表 3.6 所示。很显然,问卷中对前馈信号的评价为"非常重要"和"比较重要"为"正面评价";"不怎么重要"和"一点都不重要"为"反面评价"。从结果上看,关于 PaICFs 模型得到的前馈信号的可用性及有效性,大部分安全负责人和安全顾问的正面评价显然要高于反面评价。

表 3.6 问卷调查结果

	VS(%)	SS(%)	LS(%)	NS(%)	正面评价=VS+SS	正面评价=LS+NS
FS1	97.7	0	0	2.3	97.7	2.3
FS2	58.1	37.2	2.3	2.3	95.4	4.7
FS3	86.1	11.6	0	2.3	97.7	2.3
FS4	95.4	2.3	0	2.3	97.7	2.3
FS5	76.7	11.6	4.7	7.0	88.4	11.6
FS6	14.0	44.2	34.9	7.0	58.1	41.9
FS7	34.9	32.6	30.2	2.3	67.4	32.6
FS8	97.7	0	0	2.3	97.7	2.3
FS9	34.9	51.2	14.0	0	86.1	14.0
FS10	23.3	46.5	18.6	11.6	69.8	30.2
FS11	30.2	32.6	30.2	7.0	62.8	37.2
FS12	72.1	25.6	0	2.3	97.7	2.3
FS13	55.8	41.9	2.3	0	97.7	2.3
FS14	60.5	34.9	2.3	2.3	95.4	4.7
FS15	25.6	27.9	41.9	4.7	53.5	46.5
FS16	81.4	14.0	2.3	2.3	95.4	4.7
FS17	4.7	46.5	41.9	7.0	51.2	48.8
FS18	62.8	20.9	9.3	7.0	83.7	16.3
FS19	39.5	51.2	7.0	2.3	90.7	9.3
FS20	48.8	37.2	11.6	2.3	86.1	14.0

注明:VS=非常重要;SS=一般重要;LS=一般不重要;NS=不重要。

此外,从整个模型层面提出的针对模型有效性和相关性的另外四个问题的调查结果,如表 3.7 所示。

表 3.7 其他四个问题的结果

Q1:如果所有的前馈信号得到确认和消除,能防止潜在的脚手架坠落事故吗?			
很有可能	比较可能	可能	不可能
60%	37%	0%	2%

Q2:事先识别并学习历史安全事故的起因,有可能防止未来的事故发生吗?			
很有可能	比较可能	可能	不可能
42%	56%	0%	2%

Q3:发展一个用来识别危险的行为/情况以作为事故的前馈信号的工具,对施工现场提高安全绩效有用吗?			
非常有用	比较有用	没有太大用	没有用
47%	51%	2%	0%

Q4:英国可以通过研究其他国家的安全事故原因,来获取经验教训吗(例如美国)?			
显然可以	很有可能	可能	不可以
30%	44%	23%	2%

从结果可以看出,绝大多数被调查的安全负责人和安全顾问对识别安全事故前馈信号模型的有效性及可用性持积极态度,正面评价要显著高于反面评价。

3.4 被调查的安全负责人及安全顾问的内部一致性测度

3.4.1 模型的选用

因为调查问卷具有 20 个问题,每个问题都有 43 个评分人,而且每个问题都有 4 个选项,显然属于"多个选项,多个评分人"的情况。同时,为了体现出"距离远的两个选项的差异性要比距离近的两个选项的差异性要大"的情况,本书选用基于权重 Kappa 统计值的"多个选项,多个评分人"的情况来计算 Kappa 值,以衡量被调查的安全负责人及安全顾问的意见一致性,评价以上问卷的结果是否是由于偶然性造成的。同时,为了避免 Kappa 统计值固有的缺陷,仍然采用"非常重要"和"比较重要"为"正面评价";"不怎么重要"和"一点都不重要"为"反面评价"的处理方式,用以计算正面一致性指标($p_{positive}$)和反面一致性指标($p_{negative}$),作为 Kappa 统计值的补充。

3.4.2 权重的赋值

按照公式(3.6)对不同对比选项组赋以的权重如表 3.8 所示。

表 3.8　权重 Kappa 统计值中赋的权重

	VS	SS	LS	NS
VS	1.000	0.889	0.556	0.000
SS	0.889	1.000	0.889	0.556
LS	0.556	0.889	1.000	0.889
NS	0.000	0.556	0.889	1.000

注明：VS=非常重要；SS=一般重要；LS=一般不重要；NS=不重要。

3.4.3　权重 Kappa 的计算

如果让 w_{ij} 表示权重的话，表面一致性的计算如下式所示，数据采用表 3.9 和表 3.10 中所列的数据作为示例。

$$p_{q-o}(w) = \sum_{i=1}^{k} \sum_{j=1}^{k} w_{ij} p_{ij} = 0.894 \tag{3.13}$$

表 3.9　两个问卷评价人的评分情况

评价人 2	评价人 1				总数
	VS	SS	LS	NS	
VS	6	1	2	0	9
SS	1	0	1	0	2
LS	1	2	3	2	8
NS	0	0	0	1	1
总数	8	3	6	3	20

注明：VS=非常重要；SS=一般重要；LS=一般不重要；NS=不重要。

由于偶然性导致的内部一致性 $p_{q-o}(w)$ 为：

$$p_{q-e}(w) = \sum_{i=1}^{k} \sum_{j=1}^{k} w_{ij} p_{i\cdot} p_{\cdot j} = 0.741 \tag{3.14}$$

则权重 Kappa 统计值 $\kappa_q(w)$ 为：

$$\kappa_q(w) = \frac{p_{q-o}(w) - p_{q-e}(w)}{1 - p_{q-e}(w)} = 0.592 \tag{3.15}$$

表 3.10　两个问卷评价人的评分情况

评价人 2	评价人 1				总数($p_{i.}$)
	VS	SS	LS	NS	
VS	0.30	0.05	0.10	0.00	0.45
SS	0.05	0.00	0.05	0.00	0.10
LS	0.05	0.10	0.15	0.10	0.40
NS	0.00	0.00	0.00	0.05	0.05
总数($p_{.j}$)	0.40	0.15	0.30	0.15	1

注明：1. VS＝非常重要；SS＝一般重要；LS＝一般不重要；NS＝不重要。

2. 表 3.10 的数据由表 3.9 中数据除以总数转化而来。

为了检验"潜在的权重 Kappa 值是否为 0"的假设，定义$\overline{w_{i.}}$和$\overline{w_{.j}}$如下：

$$\begin{cases} \overline{w_{i.}} = \sum_{j=1}^{k} p_{.j} w_{ij} \\ \overline{w_{.j}} = \sum_{i=1}^{k} p_{i.} w_{ij} \end{cases} \tag{3.16}$$

那么，估计$\kappa_q(w)$的标准差为：

$$se_0[\kappa_q(w)] = \frac{1}{[1-p_{q-e}(w)]\sqrt{n}} \sqrt{\sum_{i=1}^{k}\sum_{j=1}^{k} p_{i.} p_{.j} \cdot [w_{ij} - (\overline{w_{i.}} + \overline{w_{.j}})]^2 - p_{q-e}^2(w)} = 0.221 \tag{3.17}$$

用于 z 检验的统治值为：

$$z = \frac{\kappa_q(w)}{se_0[\kappa_q(w)]} = 2.686 \tag{3.18}$$

将 $z=2.686$ 和正态分布表的值进行比较，在 $p<0.01$ 的情况下，拒绝原假设，即潜在的权重 Kappa 值不为 0。

在计算了全部可能的权重 Kappa 以后，则最终的平均权重 Kappa 统计值 $\kappa_{ave}(w)$ 为：

$$\kappa_{ave}(w) = \frac{1}{903} \sum_{q=1}^{903} \kappa_q(w) = 0.527 \tag{3.19}$$

对应于表 3.2 中的指导性标准，0.527 表示中等强度的一致性。

为了计算正面一致性指标 p_{q-pos} 和反面一致性指标 p_{q-neg}，以作为 Kappa 统计值的补充，表 3.11 示意了正面评价和反面评价的判断矩阵。

表 3.11　正面评价和反面评价的判断矩阵

评价人 2	评价人 1		总共
	正面评价	反面评价	
正面评价	8	3	11
反面评价	3	6	9
总共	11	9	20

注明：表 3.11 中的数据来自于表 3.9.

从而，正面一致性指标 $p_{\text{q-pos}}$ 和反面一致性指标 $p_{\text{q-neg}}$ 的计算如下：

$$\begin{cases} p_{\text{q-pos}} = \dfrac{8+8}{11+11} = 0.727 \\[2mm] p_{\text{q-neg}} = \dfrac{6+6}{9+9} = 0.667 \end{cases} \qquad (3.20)$$

在计算了全部可能的正面一致性指标 $p_{\text{q-pos}}$ 和反面一致性指标 $p_{\text{q-neg}}$ 以后，则最终的平均正面一致性指标 $p_{\text{ave-pos}}$ 和平均反面一致性指标 $p_{\text{ave-neg}}$ 为：

$$\begin{cases} p_{\text{ave-pos}} = \dfrac{1}{903} \sum_{q=1}^{903} p_{\text{q-pos}} = 0.877 \\[3mm] p_{\text{ave-neg}} = \dfrac{1}{903} \sum_{q=1}^{903} p_{\text{q-neg}} = 0.276 \end{cases} \qquad (3.21)$$

因此，最终的平均权重 Kappa 值(0.527)表明了安全负责人和安全顾问间的内部一致性程度为中等。而且，从最终的平均正面一致性指标(0.877)和最终的平均反面一致性指标(0.276)来看，平均正面一致性指标显著高于平均反面一致性指标，说明不一致性主要来源于反面评价。

为了显示整个计算过程中相关指标的变化情况，表 3.12 显示了随机抽取的 30 对比较评价人的表面一致性指标 $p_{\text{q-o}}(w)$，正面一致性指标 $p_{\text{q-pos}}$，反面一致性指标 $p_{\text{q-neg}}$，由偶然性造成的一致性指标 $p_{\text{q-e}}(w)$，权重 Kappa 统计值 $\kappa_q(w)$，标准差 $se_0[\kappa_q(w)]$ 和 Z 检验值，从中可以看出相应数据的变化情况。计算程序界面参见附录 2。

表 3.12　随机抽取的 30 对比较评价人的相关指标

	1	2	3	4	5	6	7	8	9	10
$p_{\text{q-o}}(w)$	0.922	0.872	0.861	0.922	0.894	0.917	0.933	0.950	0.950	0.967
$p_{\text{q-pos}}$	0.897	0.769	0.824	0.897	0.727	0.897	0.815	0.815	0.875	0.974
$p_{\text{q-neg}}$	0.727	0.571	0.000	0.727	0.667	0.727	0.615	0.615	0.500	0.000

	1	2	3	4	5	6	7	8	9	10
$p_{q\text{-}e}(w)$	0.831	0.727	0.827	0.831	0.741	0.824	0.764	0.817	0.867	0.938
$\kappa_q(w)$	0.541	0.533	0.199	0.541	0.592	0.525	0.717	0.727	0.625	0.459
se_0	0.210	0.219	0.104	0.210	0.221	0.206	0.185	0.193	0.223	0.220
z	2.573	2.428	1.910	2.573	2.686	2.548	3.877	3.775	2.801	2.089
	11	12	13	14	15	16	17	18	19	20
$p_{q\text{-}o}(w)$	0.967	0.928	0.894	0.956	0.939	0.967	0.917	0.967	0.956	0.917
$p_{q\text{-}pos}$	0.933	0.839	0.824	0.857	0.889	0.947	0.875	0.947	0.909	0.897
$p_{q\text{-}neg}$	0.800	0.444	0.000	0.000	0.000	0.000	0.500	0.000	0.571	0.727
$p_{q\text{-}e}(w)$	0.842	0.856	0.831	0.880	0.889	0.922	0.833	0.922	0.867	0.824
$\kappa_q(w)$	0.789	0.500	0.375	0.630	0.450	0.571	0.500	0.571	0.667	0.525
se_0	0.208	0.222	0.117	0.160	0.157	0.196	0.173	0.196	0.211	0.206
z	3.796	2.250	3.217	3.938	2.865	2.910	2.892	2.910	3.165	2.548
	21	22	23	24	25	26	27	28	29	30
$p_{q\text{-}o}(w)$	0.956	0.933	0.906	0.961	0.933	0.961	0.928	0.961	0.950	0.878
$p_{q\text{-}pos}$	0.909	0.941	0.889	0.947	0.914	0.824	0.788	0.929	0.947	0.759
$p_{q\text{-}neg}$	0.571	0.667	0.000	0.000	0.400	0.000	0.000	0.833	0.000	0.364
$p_{q\text{-}e}(w)$	0.867	0.878	0.883	0.920	0.881	0.880	0.869	0.850	0.919	0.806
$\kappa_q(w)$	0.667	0.455	0.190	0.514	0.442	0.676	0.449	0.741	0.384	0.370
se_0	0.211	0.213	0.131	0.190	0.182	0.216	0.214	0.222	0.164	0.175
z	3.165	2.134	1.459	2.699	2.421	3.124	2.102	3.339	2.340	2.107

从表 3.12 可以看出,大部分的反面一致性指标要显著低于正面一致性指标,进一步说明了不一致性主要来源于反面评价。

3.5　本章小结

基于 PaICFs 模型,选择"从脚手架摔落"的安全事故作为研究对象,本章首先利用美国

OSHA 提供的案例和英国 HSE 的案例进行了详细的案例分析,进一步验证了 PaICFs 模型的效果。同时,在详细比较了原因类似、但场景完全不同的两组英美案例的基础上,初步研究了不同国家之间安全事故影响因素的共同性及差异性的问题。初步比较和分析的结果表明,当从前馈信号层次的角度去分析施工现场的安全事故时,不同国家安全事故前馈信号的相同性要比差异性明显。

其次,为了验证采用 PaICFs 模型得到的前馈信号的可用性及有效性,设计了调查问卷,以获得英国施工现场安全负责人或者安全顾问对所获得前馈信号的认可程度。从问卷的统计结果上看,关于 PaICFs 模型得到的前馈信号的可用性及有效性,大部分安全负责人和安全顾问的正面评价显然要高于反面评价。

最后,为了对问卷的统计结果有一个更加全面和深入的认识,本章进一步衡量了问卷参与者之间的内部一致性程度,使用"多个选项,多个评分人"的权重 Kappa 统计值来衡量问卷结果是否完全(或者部分)是由于偶然性造成的。最终的平均权重 Kappa 值(0.527)表明了安全负责人和安全顾问间的内部一致性程度为中等。而且,从最终的平均正面一致性指标(0.877)和最终的平均反面一致性指标(0.276)来看,平均正面一致性指标显著高于平均反面一致性指标,说明不一致性主要来源于反面评价。

4 基于改进事故序列前馈信号模型的安全风险计量

4.1 理论基础及研究方法

4.1.1 基于统计概率(PRA)的安全风险的定量化研究

现有的针对施工现场安全风险的定量化研究使用的方法框架主要考虑两个因素：发生概率(频率)和后果严重性。然后用发生概率(频率)和后果的严重性的乘积来定义风险，用公式表示则为：

$$\text{risk} = \text{probability(frequency)} \times \text{severity} \tag{4.1}$$

Baradan 和 Usmen 的研究是这个框架中比较具有代表性的研究，利用 16 个建筑工程的数据，基于风险等于发生概率(频率)和后果严重性的乘积，计算了相应的安全风险；同时利用风险面(risk plane)的概念，使用非致命事故率(nonfatal injury rates)对这 16 个工程进行了排序[91]。这项研究的特点是，在计算安全风险的时候综合了致命事故和非致命事故的指标，并指出使用这种综合的计算方法计算安全风险，比单独利用其中的某一种指标都更加有利于对安全风险进行全面的了解。风险面的示意如图 4.1 所示。

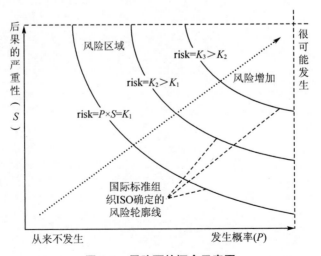

图 4.1　风险面的概念示意图

Baradan 和 Usmen 在风险分析中对非致命事故率（nonfatal Rate）、致命事故率（fatal rate）的综合体现在综合风险（RS_c）的计算。

$$RS_c = RS_{NF} + i \cdot RS_F \tag{4.2}$$

其中，RS_c 代表的是综合风险值；RS_{NF} 代表的是非致命事故风险值；RS_F 代表的是致命事故风险值；i 是伤害性系数（Index of harm），取 2，这个值也是其他大多数相关研究所采用的取值[93,94]。

其他类似的研究则在此框架的基础上，综合了事故原因分解的方法，进行定量化的风险分析。如 Chamberlain 和 Modarres 建议提出的详细风险分析框架如图 4.2 所示[95]。

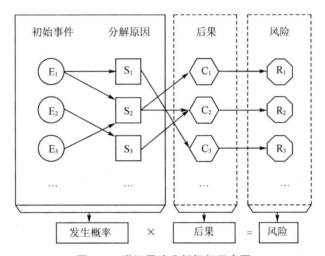

图 4.2　详细风险分析框架示意图

Chua 和 Goh 则针对建筑业的实际情况，建议了用于计算施工现场履带式起重机操作中安全风险的因素分解图，如图 4.3 所示[32]，这种分解图对其他一般施工现场安全风险的计算也具有指导意义。

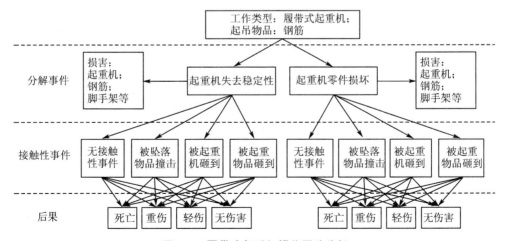

图 4.3　履带式起重机操作风险分析

　　此外，Aneziris 等学者针对建筑业施工现场最常见的高空摔落风险，建立了高空摔落风险的逻辑模型（logic model），并且基于概率的方法计算了各种高空摔落的安全风险[56]，包括：从屋顶摔落（roof）、从移动的平台摔落（moveable platform）、从楼面摔落（floor）、从绳梯摔落（rope ladder）、从移动脚手架上摔落（mobile scaffold）、从平台上摔落（platform）、从固定的脚手架上摔落（fixed scaffold）、从建筑脚手架上摔落（building scaffold）、没有保护地工作在高处（working on height unprotected）、从放置的梯子上摔落（placement ladder）、从固定梯子上摔落（fixed ladder）、从非移动设备上摔落（non-moving vehicle）、从台阶上摔落（steps）、从地面上的孔洞摔下去（hole in the ground）等。

4.1.2　对未遂事件的定量化分析

　　针对未遂事件，Ritwik 建立了一套基于矩阵的风险分析方法[96]。这种方法用未遂事件关联性指标和潜在后果因素两个方面的乘积去评价未遂事件。未遂事件的关联性指标分为四个方面，分别是接近指标（未遂事件距离导致真正的事故有多远）、学习价值指标（对组织或者现场人员的学习价值）、可见性指标（在其导致事故发生之前是否可以被预见）和效用指标（未遂事件有价值的时间）。关联性指标的具体赋值如表 4.1 所示。潜在后果因素的具体指标及赋值如表 4.2 所示。

表 4.1　关联性指标的具体指标及其赋值

未遂事件的关联性指标	权重	未遂事件的关联性指标	权重
1. 接近指标： 　　一步之遥（考验最后一道防线）； 　　两步之遥； 　　三步及以上； 　　遥远	3 2 1 0	3. 可见性指标： 　　非常困难； 　　有点难； 　　比较明显； 　　众所周知的	3 2 1 0
2. 学习价值指标： 　　对整个组织都有用； 　　对整个施工现场都有用； 　　只对一些具体的部位及问题有用； 　　毫无学习价值	3 2 1 0	4. 效用指标： 　　对过去、现在以及将来都有用； 　　影响现在和将来； 　　只影响将来； 　　没有效果	3 2 1 0
四项指标相加值	0～12		

表 4.2 潜在后果因素的具体因素及其赋值

未遂事件的关联性指标	权重
a. 死亡：	3
重伤；	2
轻伤	1
b. 财产损失：	
50 万美元或者更多；	3
5 万～50 万美元；	2
0～5 万美元。	1
c. 环境释放(environment release)或者超过标准：	
100%；	3
10%；	2
5%	1
d. 人数：	
超过 100；	3
50 到 100；	2
不到 50	1
相关性指标得分(a×b×c×d)：	0～81

然后,在关联性指标和潜在后果因素的值上,根据图 4.4 的风险决策矩阵,得出相应的结论,从而采取相应措施。

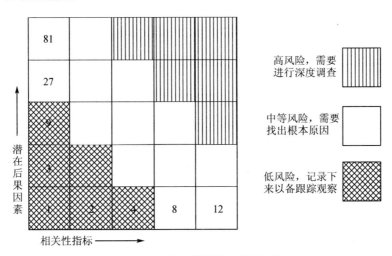

图 4.4 未遂事件的风险决策矩阵

4.1.3 事故序列前馈信号(ASP)模型

传统的基于概率的风险分析方法,是根据分解以后的影响因素的发生频率来计算安全风险。因此,事故树(fault tree)经常被用来分析事故的影响因素,并观察和统计各个因素的发生频率[32,95]。

事件树(event tree)的概念和事故树完全不同,事件树的产生是风险分析技术的一个重要发展。它和事故树的最重要区别在于,事件树把风险分析的视角推进到了前馈信号上,强调在事故发生之前分析事故发生的可能性,适合于历史安全事故数据不充分(或者是发生事故后影响巨大,社会无法承受的情况下,如核电站发生爆炸等事件)的行业进行风险分析。

ASP 方法则在事件树的概念上,基于前馈信号进行安全风险计算的风险分析技术。ASP 技术最早起源于 Oak Ridge 国家实验室,使用在核工业上[97]。针对前馈信号进行的研究已经为核工业的安全风险分析做出了非常重大的贡献,将来还会给核工业做出更大的贡献[97]。在荷兰,房屋及环境署已经开展研究,如何把 ASP 应用到化学工业中去,ASP 方法适用于在这些行业中应用;ASP 方法同样也在航海领域得到了应用[97,98]。

但是如此重要的风险分析方法在建筑业并没有得到应用,作者认为,主要原因是建筑业还没有把研究视角放到安全事故的前馈信号上,对未遂事件的重视程度不够。

图 4.5 表示的是只有一个初始事件和两个安全系统的简单的事件树。E 事件只有一个前馈信号(E 事件发生了,但 A 安全系统有效,B 安全系统也有效),EA(E 事件发生了,A 安全系统无效,但 B 安全系统有效)和 EB(E 事件发生了,但 A 安全系统有效,B 安全系统无效)事件具有两个前馈信号。

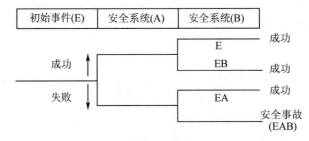

图 4.5　简单的只有一个初始事件和两个安全系统的事件树

整个系统失效的概率就是事故概率 $P(\text{ASP})$。如果我们观察的特定时间段内并没有重大事故发生,那么我们就需要尽可能地搜集各种各样的前馈信号来计算 $P(\text{ASP})$。考虑到并不是所有的前馈型号都能够被观察到,相关研究建议[97],在子系统的失效概率中假定联合性(association):即一个子系统中的失效事件的发生,并不会降低另外一个子系统的失效概率。假设一个子系统有一个初始事件 E,有三个安全系统,分别为 F、L、R,则 ASP 风险分析方法的一般化公式(4.3)为:

$$P(\text{ASP}) = \left\{ \left\langle \frac{WXY}{T} \right\rangle \right\} \cdot P(Z|WXY) \tag{4.3}$$

其中,W,X,Y 和 Z 分别代表所有可能的顺序的 E,F,L 和 R;T 是总的观察时间;$<WXY>$ 表示所有前馈信号事件的次数(包括:E、F、L、R、EF、EL、ER、FL、FR、LR、EFL、EFR、FLR 和 $EFLR$);$P(Z|WXY)$ 是条件概率,表示在 WXY 发生的情况下,Z 事件也发生的概率。

4.2 改进的事故序列前馈信号模型(MASP)

4.2.1 施工现场前馈信号"分组"的特点

如 3.2 所述,研究中所选取的案例和数据,主要来源于美国职业安全与健康管理局(OSHA)。这些案例和数据编制在 Microsoft Access 数据库的表之中。数据库中包含了美国 1990—2008 年以来的伤亡事故案例。

在分析数据的过程中,我们发现,大部分的安全事故都有几个前馈信号,每个前馈信号也都存在于不同的安全事故中。换句话说,前馈信号是有"组"的。为了进一步得到各个组在 1990—2008 年发生频率,本书进一步对 19 年间的全部 316 个从脚手架上摔落的案例进行了分析,前馈信号及其对应的"组"如表 4.3 所示,23 个组以及其次数分布如表 4.4 所示。

表 4.3 施工现场从脚手架上摔落的前馈信号

	前馈信号	组别
λ_1	在脚手架上工作时,过于接近没有脚手架跳板(或者孔洞)的地方	G_1, G_{21}, G_{22}
λ_2	拿着东西并且在后退,没有注意脚下的情况	G_1, G_{13}, G_{22}
λ_3	一个工人移走了脚手架的一块跳板,但没有人立刻将空的地方填好	G_1
λ_4	脚手架上某些地方少了些跳板	G_1
λ_5	工作时,没有足够的有效的预防高空坠落的保护措施	$G_1, G_2, G_3, G_4, G_5, G_6, G_7, G_8,$ $G_9, G_{10}, G_{11}, G_{12}G_{13}, G_{14}, G_{15},$ $G_{16}, G_{18}, G_{19}, G_{20}, G_{21}, G_{22}, G_{23}$
λ_6	下雨时或者雨后,在脚手架上工作	G_3, G_8
λ_7	脚手架上的光线不够	G_3
λ_8	脚手架没有保护栏杆	$G_4, G_5, G_8, G_9, G_{12}, G_{13}, G_{18}, G_{23}$
λ_9	在脚手架做一些有变化的强制力的工作(如清洗浇注混凝土的泵管)	G_4
λ_{10}	修理起重机时,提升臂没有固定好	G_5
λ_{11}	使用靠在移动脚手架上的梯子	G_6, G_{12}
λ_{12}	从脚手架上移出,跨到建筑物或结构上	$G_7, G_{18}, G_{19}, G_{21}$
λ_{13}	以不正确的顺序搭建、移走、移动脚手架或者脚手架上的跳板	G_{10}
λ_{14}	使用未经检查完毕的脚手架	G_{11}
λ_{15}	靠近没有完全固定好的跳板的末端	G_{14}, G_{23}
λ_{16}	在脚手架上失去平衡	G_{15}, G_{19}

	前馈信号	组别
λ_{17}	不使用脚手架上的梯子爬下脚手架	G_{16}，G_{23}
λ_{18}	有心脏病的工人在脚手架上工作	G_{17}
λ_{19}	从一个工作区到另外一个工作区时，解开了以前的防高空摔落设施但没有立即接到新的防高空摔落设施上	G_{19}
λ_{20}	依靠在脚手架的保护栏杆上	G_{20}

表 4.4　前馈信号组以及发生次数

组别	包括的前馈信号	次数	组别	包括的前馈信号	次数
G_1	λ_1，λ_2，λ_3，λ_4，λ_5；	13	G_{13}	λ_2，λ_5，λ_8；	12
G_2	λ_5；	70	G_{14}	λ_5，λ_{15}；	5
G_3	λ_5，λ_6，λ_7；	9	G_{15}	λ_5，λ_{16}；	14
G_4	λ_5，λ_8，λ_9；	4	G_{16}	λ_5，λ_{17}；	8
G_5	λ_5，λ_8，λ_{10}；	3	G_{17}	λ_{18}；	1
G_6	λ_5，λ_{11}；	14	G_{18}	λ_5，λ_8，λ_{12}；	6
G_7	λ_5，λ_{12}；	17	G_{19}	λ_5，λ_{12}，λ_{16}，λ_{19}；	5
G_8	λ_5，λ_6，λ_8；	9	G_{20}	λ_5，λ_{20}；	8
G_9	λ_5，λ_8；	45	G_{21}	λ_1，λ_5，λ_{12}；	6
G_{10}	λ_5，λ_{13}；	26	G_{22}	λ_1，λ_2，λ_5；	20
G_{11}	λ_5，λ_{14}；	4	G_{23}	λ_5，λ_8，λ_{15}，λ_{17}；	4
G_{12}	λ_5，λ_8，λ_{11}；	13			总计：316

4.2.2　改进的针对前馈信号组的事件树的构建

　　针对建筑业施工现场安全事故前馈信号组的特点，以包含 3 个前馈信号（λ_x、λ_y、λ_z）的组为例，改进的事件树如图 4.6 所示。

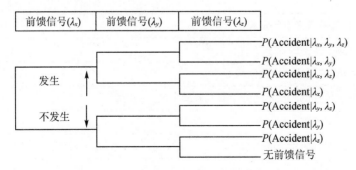

图 4.6　改进的针对前馈信号组的事件树

　　改进的地方主要包括三个方面：① 将原有的安全系统改为前馈信号；② 用"发生"和"不

发生"替代传统方法中的"成功"和"不成功";③ 将初始事件的单一情况也改为两种情况,即发生和不发生。施工现场安全风险管理所关心的概率实际上是一个条件概率,即在某一个前馈信号(或者某几个前馈信号的组合)发生的情况下,可能导致安全事故的风险。从而,在包含三个前馈信号的组中,所有可能的前馈信号组合以及施工现场安全风险管理所关心的条件概率如表 4.5 所示。$P(\text{Accident}|\lambda_x,\lambda_y)$ 的含义是指,在前馈信号 λ_x 和 λ_y 发生的情况下,可能导致发生安全事故的概率。

表 4.5　所有可能的前馈信号组合

一个前馈信号		两个前馈信号组合		三个前馈信号的组合	
组合	关心概率	组合	关心概率	组合	关心概率
λ_x	$P(\text{Accident}|\lambda_x)$	λ_x 和 λ_y	$P(\text{Accident}|\lambda_x,\lambda_y)$	λ_x、λ_y、和 λ_z	$P(\text{Accident}|\lambda_x,\lambda_y,\lambda_z)$
λ_y	$P(\text{Accident}|\lambda_y)$	λ_x 和 λ_z	$P(\text{Accident}|\lambda_x,\lambda_z)$		
λ_z	$P(\text{Accident}|\lambda_z)$	λ_y 和 λ_z	$P(\text{Accident}|\lambda_y,\lambda_z)$		

4.2.3　改进的针对前馈信号组的安全风险计量方法

1) 一个前馈信号的情况

施工现场安全风险管理所关心的条件概率 $P(\text{Accident}|\lambda_i)$,根据条件概率公式[99]:

$$P(A|B)=\frac{P(A,B)}{P(B)}=\frac{P(B|A)\cdot P(A)}{P(B)} \tag{4.4}$$

则有:

$$P(\text{Accident}|\lambda_i)=\frac{P(\text{Accident},\lambda_i)}{P(\lambda_i)}=\frac{P(\lambda_i|\text{Accident})\cdot P(\text{Accident})}{P(\lambda_i)} \tag{4.5}$$

其中,$P(\text{Accident}|\lambda_i)$ 表示在前馈信号 λ_i 发生的情况下,施工现场发生安全事故的概率;$P(\lambda_i|\text{Accident})$ 表示在施工现场已经发生了安全事故的情况下,λ_i 也已经发生的情况;$P(\text{Accident})$ 表示施工现场发生安全事故的概率;$P(\lambda_i)$ 表示施工现场发生前馈信号 λ_i 的概率。

实际上,我们从历史安全事故记录中观察到的前馈信号的概率(频率),也是一种条件概率(频率),即在施工现场已经发生了安全事故的情况下,λ_i 也已经发生的概率(频率)。因此,可以用从历史安全事故记录中观察到的前馈信号的频率去近似估算 $P(\lambda_i|\text{Accident})$,用公式(4.6)表示则为:

$$P(\lambda_i|\text{Accident})\approx f_n(\lambda_i|\text{Accident})=\frac{n(\lambda_i|\text{Accident})}{\sum_k n(\lambda_k|\text{Accident})} \tag{4.6}$$

$\sum_k n(\lambda_k|\text{Accident})$ 为各种前馈信号及各种前馈信号的组合(考虑了所有可能的前馈信

号组合)的情况下的次数总和。

Heinrich 指出,"未遂事件:受伤:死亡"的经验比例大概为"303:29:1"[69],Bird 的研究[72],以及 Morrison 的研究[73]也重复了类似的结论。本书基于这个比例关系建立估算 $P(\text{Accident})$ 的计算方法。首先定义几个函数:$n(*)$ 为表示次数的函数;$n_{\text{fatal}}(*)$ 为表示造成死亡的次数的函数;$n_{\text{non-fatal}}(*)$ 为表示只造成受伤的次数的函数;$p_{\text{fatal}}(*)$ 为表示造成死亡的次数占总事故次数的比例函数;$p_{\text{non-fatal}}(*)$ 为表示只造成受伤的次数占总事故次数的比例函数。则:

$$P(\text{Accident}) \approx f_n(\text{Accident})$$

$$= \frac{n(\text{Accident})}{p_{\text{fatal}}(\text{Accident}) \cdot n_{\text{fatal}}(\text{Accident}) \cdot 333 + p_{\text{non-fatal}}(\text{Accident}) \cdot n_{\text{non-fatal}}(\text{Accident}) \cdot \frac{333}{29}}$$

$$(4.7)$$

其中:

$$\begin{cases} p_{\text{fatal}}(\text{Accident}) = \dfrac{n_{\text{fatal}}(\text{Accident})}{n_{\text{fatal}}(\text{Accident}) + n_{\text{non-fatal}}(\text{Accident})} = \dfrac{n_{\text{fatal}}(\text{Accident})}{n(\text{Accident})} \\[3mm] p_{\text{non-fatal}}(\text{Accident}) = \dfrac{n_{\text{non-fatal}}(\text{Accident})}{n_{\text{fatal}}(\text{Accident}) + n_{\text{non-fatal}}(\text{Accident})} = \dfrac{n_{\text{non-fatal}}(\text{Accident})}{n(\text{Accident})} \end{cases} \quad (4.8)$$

$P(\lambda_i)$ 的计算则为在施工现场一段观察时间内发生 λ_i 的次数和所有观察到的前馈信号的总数的比值。用公式表示则为:

$$P(\lambda_i) \approx f_n(\lambda_i) = \frac{n(\lambda_i)}{\sum\limits_k n(\lambda_k)} \quad (4.9)$$

$\sum\limits_k n(\lambda_k)$ 为各种前馈信号的次数总和。

从而,可以计算出施工现场安全风险管理所关心的条件概率 $P(\text{Accident} \mid \lambda_i)$:

$$P(\text{Accident} \mid \lambda_i) = \frac{P(\lambda_i \mid \text{Accident}) \cdot P(\text{Accident})}{P(\lambda_i)} \quad (4.10)$$

2) 多个前馈信号的情况

施工现场安全风险管理所关心的条件概率 $P(\text{Accident} \mid \lambda_i, \cdots, \lambda_j)$ 为:

$$P(\text{Accident} \mid \lambda_i, \cdots, \lambda_j) = \frac{P(\text{Accident}, \lambda_i, \cdots, \lambda_j)}{P(\lambda_i, \cdots, \lambda_j)} = \frac{P(\lambda_i, \cdots, \lambda_j \mid \text{Accident}) \cdot P(\text{Accident})}{P(\lambda_i, \cdots, \lambda_j)}$$

$$(4.11)$$

估算 $P(\lambda_i, \cdots, \lambda_j \mid \text{Accident})$,用公式表示则为:

$$P(\lambda_i, \cdots, \lambda_j \mid \text{Accident}) \approx f_n(\lambda_i, \cdots, \lambda_j \mid \text{Accident}) = \frac{n(\lambda_i, \cdots, \lambda_j \mid \text{Accident})}{\sum\limits_k n(\lambda_k \mid \text{Accident})} \quad (4.12)$$

$\sum\limits_{k} n(\lambda_k \mid \text{Accident})$ 为各种前馈信号的次数总和。

$P(\text{Accident})$ 的估算也仍然采用"303 : 29 : 1"[69] 的关系：

$$P(\text{Accident}) \approx f_n(\text{Accident})$$

$$= \frac{n(\text{Accident})}{p_{\text{fatal}}(\text{Accident}) \cdot n_{\text{fatal}}(\text{Accident}) \cdot 333 + p_{\text{non-fatal}}(\text{Accident}) \cdot n_{\text{non-fatal}}(\text{Accident}) \cdot \dfrac{333}{29}}$$

$$(4.13)$$

其中：

$$\begin{cases} p_{\text{fatal}}(\text{Accident}) = \dfrac{n_{\text{fatal}}(\text{Accident})}{n_{\text{fatal}}(\text{Accident}) + n_{\text{non-fatal}}(\text{Accident})} = \dfrac{n_{\text{fatal}}(\text{Accident})}{n(\text{Accident})} \\[4mm] p_{\text{non-fatal}}(\text{Accident}) = \dfrac{n_{\text{non-fatal}}(\text{Accident})}{n_{\text{fatal}}(\text{Accident}) + n_{\text{non-fatal}}(\text{Accident})} = \dfrac{n_{\text{non-fatal}}(\text{Accident})}{n(\text{Accident})} \end{cases} \tag{4.14}$$

$P(\lambda_i, \cdots, \lambda_j)$ 的计算则为在施工现场一段观察时间内发生 $(\lambda_i, \cdots, \lambda_j)$ 的次数和所有观察到的前馈信号的总数的比值。用公式表示则为：

$$P(\lambda_i, \cdots, \lambda_j) \approx f_n(\lambda_i, \cdots, \lambda_j) = \frac{n(\lambda_i, \cdots, \lambda_j)}{\sum\limits_{k} n(\lambda_k)} \tag{4.15}$$

$\sum\limits_{k} n(\lambda_k)$ 为各种前馈信号的次数总和。

从而，可以计算出施工现场安全风险管理所关心的条件概率 $P(\text{Accident} \mid \lambda_i, \cdots, \lambda_j)$：

$$P(\text{Accident} \mid \lambda_i, \cdots, \lambda_j) = \frac{P(\lambda_i, \cdots, \lambda_j \mid \text{Accident}) \cdot P(\text{Accident})}{P(\lambda_i, \cdots, \lambda_j)} \tag{4.16}$$

4.3　基于 MASP 的安全风险计量结果

4.3.1　事件树的构建结果

施工现场从脚手架上摔落安全风险中，在 19 年间 316 个案例中，共有 23 个由不同个数的前馈信号构成的组，个数从 1 个到 5 个不等，为了具有代表性，选择 G_1 组（5 个前馈信号）和 G_{21}（3 个前馈信号）组作为示例。图 4.7 和图 4.8 分别示意了由 5 个前馈信号（λ_1、λ_2、λ_3、λ_4 和 λ_5）构成的 G_1 组的事件树，以及由 3 个不同前馈信号（λ_1、λ_5 和 λ_{12}）构成的 G_{21} 组的事件树。

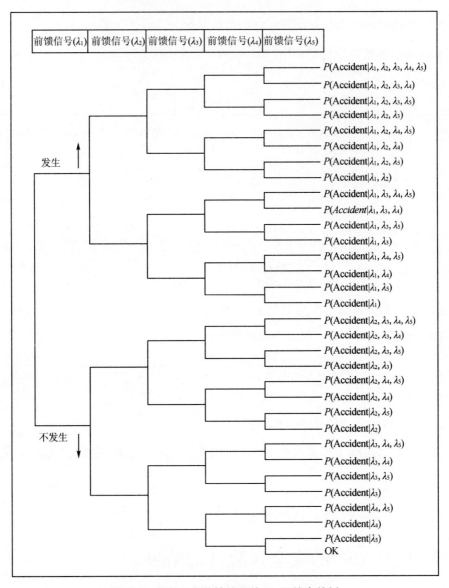

图 4.7 具有 5 个前馈信号的 G_1 组的事件树

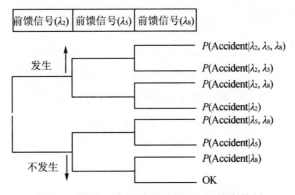

图 4.8 具有 3 个前馈信号的 G_{13} 组的事件树

4.3.2　安全风险的计量结果示例

1）G_1 组的计算过程

由 λ_1、λ_2、λ_3、λ_4 和 λ_5 构成的组一共有 31 种可能的前馈信号或者前馈信号的组合（参见图 4.7），详细的估算过程如下所示。

只有一个前馈信号的情况下，使用式（4.7）：

$$P(\text{Accident}) = \frac{316}{\frac{297}{316} \times 297 \times 333 + \frac{19}{316} \times 19 \times \frac{333}{29}} = 3.40 \times 10^{-3}$$

使用表 4.4 中的数据，根据式（4.6）：

$$P(\lambda_1 \mid \text{Accident}) = \frac{13 + 6 + 20}{316} = 1.23 \times 10^{-1}$$

使用附录 3 中的数据，根据式（4.9）：

$$P(\lambda_1) = \frac{172}{2554} = 6.73 \times 10^{-2}$$

从而，根据式（4.10）：

$$P(\text{Accident} \mid \lambda_1) = \frac{1.23 \times 10^{-1} \times 3.40 \times 10^{-3}}{6.73 \times 10^{-2}} = 6.23 \times 10^{-3}$$

同理，可以得到：

$$P(\text{Accident} \mid \lambda_2) = \frac{1.42 \times 10^{-1} \times 3.40 \times 10^{-3}}{7.64 \times 10^{-2}} = 6.34 \times 10^{-3}$$

$$P(\text{Accident} \mid \lambda_3) = \frac{4.11 \times 10^{-2} \times 3.4 \times 10^{-3}}{3.29 \times 10^{-2}} = 4.25 \times 10^{-3}$$

$$P(\text{Accident} \mid \lambda_4) = \frac{4.11 \times 10^{-2} \times 3.40 \times 10^{-3}}{3.41 \times 10^{-2}} = 4.11 \times 10^{-3}$$

$$P(\text{Accident} \mid \lambda_5) = \frac{9.97 \times 10^{-1} \times 3.40 \times 10^{-3}}{3.49 \times 10^{-1}} = 9.72 \times 10^{-3}$$

在有 2 个前馈信号的情况下，根据式（4.16）：

$$P(\text{Accident} \mid \lambda_1, \lambda_2) = \frac{1.04 \times 10^{-1} \times 3.40 \times 10^{-3}}{5.52 \times 10^{-2}} = 6.43 \times 10^{-3}$$

同理可得：

$$P(\text{Accident} \mid \lambda_1, \lambda_3) = \frac{4.11 \times 10^{-2} \times 3.40 \times 10^{-3}}{2.35 \times 10^{-2}} = 5.95 \times 10^{-3}$$

$$P(\text{Accident} \mid \lambda_1, \lambda_4) = \frac{4.11 \times 10^{-2} \times 3.40 \times 10^{-3}}{2.47 \times 10^{-2}} = 5.67 \times 10^{-3}$$

$$P(\text{Accident} \mid \lambda_1, \lambda_5) = \frac{1.23 \times 10^{-1} \times 3.40 \times 10^{-3}}{4.23 \times 10^{-2}} = 9.92 \times 10^{-3}$$

$$P(\text{Accident} \mid \lambda_2, \lambda_3) = \frac{4.11 \times 10^{-2} \times 3.40 \times 10^{-3}}{2.15 \times 10^{-2}} = 6.50 \times 10^{-3}$$

$$P(\text{Accident} \mid \lambda_2, \lambda_4) = \frac{4.11 \times 10^{-2} \times 3.40 \times 10^{-3}}{2.19 \times 10^{-2}} = 6.38 \times 10^{-3}$$

$$P(\text{Accident} \mid \lambda_2, \lambda_5) = \frac{1.42 \times 10^{-1} \times 3.40 \times 10^{-3}}{4.86 \times 10^{-2}} = 9.97 \times 10^{-3}$$

$$P(\text{Accident} \mid \lambda_3, \lambda_4) = \frac{4.11 \times 10^{-2} \times 3.40 \times 10^{-3}}{2.04 \times 10^{-3}} = 6.87 \times 10^{-3}$$

$$P(\text{Accident} \mid \lambda_3, \lambda_5) = \frac{4.11 \times 10^{-2} \times 3.40 \times 10^{-3}}{1.41 \times 10^{-2}} = 9.92 \times 10^{-3}$$

$$P(\text{Accident} \mid \lambda_4, \lambda_5) = \frac{4.11 \times 10^{-2} \times 3.40 \times 10^{-3}}{1.33 \times 10^{-2}} = 1.05 \times 10^{-2}$$

在有 3 个前馈信号的情况下，根据式(4.16)：

$$P(\text{Accident} \mid \lambda_1, \lambda_2, \lambda_3) = \frac{4.11 \times 10^{-2} \times 3.4 \times 10^{-3}}{1.37 \times 10^{-3}} = 1.02 \times 10^{-2}$$

同理可得：

$$P(\text{Accident} \mid \lambda_1, \lambda_2, \lambda_4) = \frac{4.11 \times 10^{-2} \times 3.4 \times 10^{-3}}{1.45 \times 10^{-3}} = 9.66 \times 10^{-3}$$

$$P(\text{Accident} \mid \lambda_1, \lambda_2, \lambda_5) = \frac{4.11 \times 10^{-2} \times 3.4 \times 10^{-3}}{1.25 \times 10^{-2}} = 1.12 \times 10^{-2}$$

$$P(\text{Accident} \mid \lambda_1, \lambda_3, \lambda_4) = \frac{4.11 \times 10^{-2} \times 3.4 \times 10^{-3}}{1.33 \times 10^{-3}} = 1.05 \times 10^{-2}$$

$$P(\text{Accident} \mid \lambda_1, \lambda_3, \lambda_5) = \frac{4.11 \times 10^{-2} \times 3.4 \times 10^{-3}}{1.06 \times 10^{-3}} = 1.32 \times 10^{-2}$$

$$P(\text{Accident} \mid \lambda_1, \lambda_4, \lambda_5) = \frac{4.11 \times 10^{-2} \times 3.4 \times 10^{-3}}{1.02 \times 10^{-2}} = 1.37 \times 10^{-2}$$

$$P(\text{Accident} \mid \lambda_2, \lambda_3, \lambda_4) = \frac{4.11 \times 10^{-2} \times 3.4 \times 10^{-3}}{1.41 \times 10^{-2}} = 9.92 \times 10^{-3}$$

$$P(\text{Accident} \mid \lambda_2, \lambda_3, \lambda_5) = \frac{4.11 \times 10^{-2} \times 3.4 \times 10^{-3}}{9.40 \times 10^{-3}} = 1.49 \times 10^{-2}$$

$$P(\text{Accident} \mid \lambda_2, \lambda_4, \lambda_5) = \frac{4.11 \times 10^{-2} \times 3.4 \times 10^{-3}}{9.01 \times 10^{-3}} = 1.55 \times 10^{-2}$$

$$P(\text{Accident} \mid \lambda_3, \lambda_4, \lambda_5) = \frac{4.11 \times 10^{-2} \times 3.4 \times 10^{-3}}{9.79 \times 10^{-3}} = 1.43 \times 10^{-2}$$

在有 4 个前馈信号的情况下,根据式(4.16):

$$P(\text{Accident} \mid \lambda_1, \lambda_2, \lambda_3, \lambda_4) = \frac{4.11 \times 10^{-2} \times 3.4 \times 10^{-3}}{5.48 \times 10^{-3}} = 2.55 \times 10^{-2}$$

同理可得:

$$P(\text{Accident} \mid \lambda_1, \lambda_2, \lambda_3, \lambda_5) = \frac{4.11 \times 10^{-2} \times 3.4 \times 10^{-3}}{7.05 \times 10^{-3}} = 1.98 \times 10^{-2}$$

$$P(\text{Accident} \mid \lambda_1, \lambda_2, \lambda_4, \lambda_5) = \frac{4.11 \times 10^{-2} \times 3.4 \times 10^{-3}}{6.66 \times 10^{-3}} = 2.10 \times 10^{-2}$$

$$P(\text{Accident} \mid \lambda_1, \lambda_3, \lambda_4, \lambda_5) = \frac{4.11 \times 10^{-2} \times 3.4 \times 10^{-3}}{6.26 \times 10^{-3}} = 2.23 \times 10^{-2}$$

$$P(\text{Accident} \mid \lambda_2, \lambda_3, \lambda_4, \lambda_5) = \frac{4.11 \times 10^{-2} \times 3.4 \times 10^{-3}}{7.44 \times 10^{-3}} = 1.88 \times 10^{-2}$$

在有 5 个前馈信号的情况下:

$$P(\text{Accident} \mid \lambda_1, \lambda_2, \lambda_3, \lambda_5) = \frac{4.11 \times 10^{-2} \times 3.4 \times 10^{-3}}{1.96 \times 10^{-3}} = 7.14 \times 10^{-2}$$

2) G_{13} 组的计算过程

由 λ_2、λ_5 和 λ_8 构成的 G_{13} 组一共有 7 种可能的前馈信号或者前馈信号的组合(参见图 4.8),详细的估算过程如下所示。根据式(4.10)和式(4.16):

$$P(\text{Accident} \mid \lambda_2) = \frac{1.42 \times 10^{-1} \times 3.40 \times 10^{-3}}{7.64 \times 10^{-2}} = 6.34 \times 10^{-3}$$

$$P(\text{Accident} \mid \lambda_5) = \frac{9.97 \times 10^{-1} \times 3.40 \times 10^{-3}}{3.49 \times 10^{-1}} = 9.72 \times 10^{-3}$$

$$P(\text{Accident} \mid \lambda_8) = \frac{3.04 \times 10^{-1} \times 3.40 \times 10^{-3}}{1.01 \times 10^{-1}} = 1.03 \times 10^{-2}$$

$$P(\text{Accident} \mid \lambda_2, \lambda_5) = \frac{1.42 \times 10^{-1} \times 3.40 \times 10^{-3}}{4.86 \times 10^{-2}} = 9.97 \times 10^{-3}$$

$$P(\text{Accident} \mid \lambda_2, \lambda_8) = \frac{3.80 \times 10^{-2} \times 3.40 \times 10^{-3}}{1.14 \times 10^{-2}} = 1.14 \times 10^{-2}$$

$$P(\text{Accident} \mid \lambda_5, \lambda_8) = \frac{3.04 \times 10^{-1} \times 3.40 \times 10^{-3}}{9.04 \times 10^{-2}} = 1.14 \times 10^{-2}$$

$$P(\text{Accident} \mid \lambda_2, \lambda_5, \lambda_8) = \frac{3.80 \times 10^{-2} \times 3.40 \times 10^{-3}}{8.22 \times 10^{-3}} = 1.57 \times 10^{-2}$$

3）其他各组的所有计算结果

其他各组的所有计算结果如表 4.6 所示。E—02 表示 $\times 10^{-2}$，E—03 表示 $\times 10^{-3}$，以此类推。

表 4.6　所有可能的前馈信号组合的安全风险计算结果

前馈信号及其组合	条件概率	前馈信号及其组合	条件概率
λ_6	4.85E—03	λ_5, λ_{16}	1.00E—02
λ_7	5.38E—03	λ_{17}	4.02E—03
λ_5, λ_6	1.18E—02	λ_5, λ_{17}	1.03E—02
λ_5, λ_7	9.89E—03	λ_{18}	1.37E—02
λ_6, λ_7	9.51E—03	λ_8, λ_{12}	1.18E—02
$\lambda_5, \lambda_6, \lambda_7$	2.06E—02	$\lambda_5, \lambda_8, \lambda_{12}$	1.37E—02
λ_9	6.47E—03	λ_{19}	8.59E—03
λ_5, λ_9	1.22E—02	λ_5, λ_{19}	1.06E—02
λ_8, λ_9	1.57E—02	$\lambda_{12}, \lambda_{16}$	2.11E—03
$\lambda_5, \lambda_8, \lambda_9$	2.20E—02	$\lambda_{12}, \lambda_{19}$	1.25E—02
λ_{10}	3.43E—03	$\lambda_{16}, \lambda_{19}$	1.06E—02
λ_5, λ_{10}	1.03E—02	$\lambda_5, \lambda_{12}, \lambda_{16}$	1.14E—02
λ_8, λ_{10}	1.37E—02	$\lambda_5, \lambda_{12}, \lambda_{19}$	1.96E—02
$\lambda_5, \lambda_8, \lambda_{10}$	1.37E—02	$\lambda_5, \lambda_{16}, \lambda_{19}$	2.29E—02
λ_{11}	5.89E—03	$\lambda_{12}, \lambda_{16}, \lambda_{19}$	1.72E—02
λ_5, λ_{11}	1.85E—02	$\lambda_5, \lambda_{12}, \lambda_{16}, \lambda_{19}$	4.58E—02
λ_{12}	5.80E—03	λ_{20}	8.14E—03
λ_5, λ_{12}	1.39E—02	λ_5, λ_{20}	1.69E—02
λ_6, λ_8	1.12E—02	λ_1, λ_{12}	1.92E—03
$\lambda_5, \lambda_6, \lambda_8$	1.18E—02	$\lambda_1, \lambda_5, \lambda_{12}$	1.03E—02
λ_{13}	6.27E—03	λ_8, λ_{15}	1.10E—02
λ_5, λ_{13}	1.23E—02	λ_8, λ_{17}	1.22E—02
λ_{14}	9.16E—03	$\lambda_{15}, \lambda_{17}$	5.79E—03
λ_5, λ_{14}	1.57E—02	$\lambda_5, \lambda_8, \lambda_{15}$	1.37E—02
λ_8, λ_{11}	1.15E—02	$\lambda_5, \lambda_8, \lambda_{17}$	1.83E—02
$\lambda_5, \lambda_8, \lambda_{11}$	1.32E—02	$\lambda_5, \lambda_{15}, \lambda_{17}$	1.22E—02
λ_{15}	1.03E—02	$\lambda_8, \lambda_{15}, \lambda_{17}$	1.57E—02
λ_5, λ_{15}	1.45E—02	$\lambda_5, \lambda_8, \lambda_{15}, \lambda_{17}$	3.66E—02
λ_{16}	4.88E—03		

4.4　MASP 的敏感性分析

4.4.1　历史数据中致命事故占总事故的比例

为了衡量 MASP 中，致命事故占总事故的比例 $\frac{n_{\mathrm{fatal}}(\mathrm{Accident})}{n(\mathrm{Accident})}$ 的敏感性，我们让 $n_{\mathrm{fatal}}(\mathrm{Accident})$ 分别变动 -5%（至 282）和 $+5\%$（至 312），$n(\mathrm{Accident})$ 不变，而且其他所有因素的值也都不变，G_1 组变化情况列于表 4.7 中。

表 4.7　致命事故比例导致的安全风险变化情况

	值的变化情况			比例的变化情况	
	-5%	0	$+5\%$	-5%	$+5\%$
λ_1	6.96E−03	6.23E−03	5.68E−03	+11.70%	−8.82%
λ_2	7.09E−03	6.34E−03	5.78E−03	+11.80%	−8.82%
λ_3	4.75E−03	4.25E−03	3.88E−03	+11.69%	−8.82%
λ_4	4.59E−03	4.11E−03	3.74E−03	+11.78%	−8.82%
λ_5	1.09E−02	9.72E−03	8.86E−03	+12.20%	−8.82%
λ_1,λ_2	7.19E−03	6.43E−03	5.86E−03	+11.79%	−8.82%
λ_1,λ_3	6.65E−03	5.95E−03	5.43E−03	+11.69%	−8.82%
λ_1,λ_4	6.34E−03	5.67E−03	5.17E−03	+11.81%	−8.82%
λ_1,λ_5	1.11E−02	9.92E−03	9.05E−03	+11.86%	−8.82%
λ_2,λ_3	7.26E−03	6.50E−03	5.92E−03	+11.77%	−8.82%
λ_2,λ_4	7.13E−03	6.38E−03	5.82E−03	+11.77%	−8.82%
λ_2,λ_5	1.11E−02	9.97E−03	9.09E−03	+11.31%	−8.82%
λ_3,λ_4	7.68E−03	6.87E−03	6.26E−03	+11.79%	−8.82%
λ_3,λ_5	1.11E−02	9.92E−03	9.05E−03	+11.86%	−8.82%
λ_4,λ_5	1.17E−02	1.05E−02	9.58E−03	+11.35%	−8.82%
$\lambda_1,\lambda_2,\lambda_3$	1.14E−02	1.02E−02	9.31E−03	+11.69%	−8.82%
$\lambda_1,\lambda_2,\lambda_4$	1.08E−02	9.66E−03	8.80E−03	+11.86%	−8.82%
$\lambda_1,\lambda_2,\lambda_5$	1.25E−02	1.12E−02	1.02E−02	+11.97%	−8.82%
$\lambda_1,\lambda_3,\lambda_4$	1.17E−02	1.05E−02	9.58E−03	+11.35%	−8.82%
$\lambda_1,\lambda_3,\lambda_5$	1.48E−02	1.32E−02	1.21E−02	+11.86%	−8.82%
$\lambda_1,\lambda_4,\lambda_5$	1.54E−02	1.37E−02	1.25E−02	+12.08%	−8.82%

	值的变化情况			比例的变化情况	
	-5%	0	$+5\%$	-5%	$+5\%$
$\lambda_2,\lambda_3,\lambda_4$	1.11E−02	9.92E−03	9.05E−03	+11.86%	−8.82%
$\lambda_2,\lambda_3,\lambda_5$	1.66E−02	1.49E−02	1.36E−02	+11.52%	−8.82%
$\lambda_2,\lambda_4,\lambda_5$	1.74E−02	1.55E−02	1.42E−02	+12.03%	−8.82%
$\lambda_3,\lambda_4,\lambda_5$	1.60E−02	1.43E−02	1.30E−02	+11.97%	−8.82%
$\lambda_1,\lambda_2,\lambda_3,\lambda_4$	2.85E−02	2.55E−02	2.33E−02	+11.69%	−8.82%
$\lambda_1,\lambda_2,\lambda_3,\lambda_5$	2.22E−02	1.98E−02	1.81E−02	+11.86%	−8.82%
$\lambda_1,\lambda_2,\lambda_4,\lambda_5$	2.35E−02	2.10E−02	1.92E−02	+11.83%	−8.82%
$\lambda_1,\lambda_3,\lambda_4,\lambda_5$	2.50E−02	2.23E−02	2.04E−02	+11.97%	−8.82%
$\lambda_2,\lambda_3,\lambda_4,\lambda_5$	2.10E−02	1.88E−02	1.71E−02	+11.69%	−8.82%
$\lambda_1,\lambda_2,\lambda_3,\lambda_4,\lambda_5$	7.99E−02	7.14E−02	6.51E−02	+11.83%	−8.82%
平均值	1.48E−02	1.33E−02	1.21E−02	+11.80%	−8.82%

4.4.2 经验比例 303∶29∶1

为了衡量 MASP 中,经验比例 303∶29∶1 的敏感性,我们让 303,29 和 1 分别变动−5%(分别至 287.85∶29∶1,303∶27.55∶1 和 303∶29∶0.95)和+5%(分别至 318.15∶29∶1,303∶30.45∶1 和303∶29∶1.05),而且其他所有因素的值也都不变,以观察 G_1 组中所有前馈信号及前馈信号组合的对应的安全风险变化情况,变化结果列于表 4.8 中。

表 4.8 经验比例 303∶29∶1 比例导致的安全风险变化情况

	300 的变化		29 的变化		1 的变化	
	-5%	$+5\%$	-5%	$+5\%$	-5%	$+5\%$
λ_1	+5.88%	−2.94%	+0%	−0%	−5.88%	+5.88%
λ_2	+5.88%	−2.94%	+0%	−0%	−5.88%	+5.88%
λ_3	+5.88%	−2.94%	+0%	−0%	−5.88%	+5.88%
λ_4	+5.88%	−2.94%	+0%	−0%	−5.88%	+5.88%
λ_5	+5.88%	−2.94%	+0%	−0%	−5.88%	+5.88%
λ_1,λ_2	+5.88%	−2.94%	+0%	−0%	−5.88%	+5.88%
λ_1,λ_3	+5.88%	−2.94%	+0%	−0%	−5.88%	+5.88%
λ_1,λ_4	+5.88%	−2.94%	+0%	−0%	−5.88%	+5.88%
λ_1,λ_5	+5.88%	−2.94%	+0%	−0%	−5.88%	+5.88%

	300 的变化		29 的变化		1 的变化	
	-5%	$+5\%$	-5%	$+5\%$	-5%	$+5\%$
λ_2,λ_3	$+5.88\%$	-2.94%	$+0\%$	-0%	-5.88%	$+5.88\%$
λ_2,λ_4	$+5.88\%$	-2.94%	$+0\%$	-0%	-5.88%	$+5.88\%$
λ_2,λ_5	$+5.88\%$	-2.94%	$+0\%$	-0%	-5.88%	$+5.88\%$
λ_3,λ_4	$+5.88\%$	-2.94%	$+0\%$	-0%	-5.88%	$+5.88\%$
λ_3,λ_5	$+5.88\%$	-2.94%	$+0\%$	-0%	-5.88%	$+5.88\%$
λ_4,λ_5	$+5.88\%$	-2.94%	$+0\%$	-0%	-5.88%	$+5.88\%$
$\lambda_1,\lambda_2,\lambda_3$	$+5.88\%$	-2.94%	$+0\%$	-0%	-5.88%	$+5.88\%$
$\lambda_1,\lambda_2,\lambda_4$	$+5.88\%$	-2.94%	$+0\%$	-0%	-5.88%	$+5.88\%$
$\lambda_1,\lambda_2,\lambda_5$	$+5.88\%$	-2.94%	$+0\%$	-0%	-5.88%	$+5.88\%$
$\lambda_1,\lambda_3,\lambda_4$	$+5.88\%$	-2.94%	$+0\%$	-0%	-5.88%	$+5.88\%$
$\lambda_1,\lambda_3,\lambda_5$	$+5.88\%$	-2.94%	$+0\%$	-0%	-5.88%	$+5.88\%$
$\lambda_1,\lambda_4,\lambda_5$	$+5.88\%$	-2.94%	$+0\%$	-0%	-5.88%	$+5.88\%$
$\lambda_2,\lambda_3,\lambda_4$	$+5.88\%$	-2.94%	$+0\%$	-0%	-5.88%	$+5.88\%$
$\lambda_2,\lambda_3,\lambda_5$	$+5.88\%$	-2.94%	$+0\%$	-0%	-5.88%	$+5.88\%$
$\lambda_2,\lambda_4,\lambda_5$	$+5.88\%$	-2.94%	$+0\%$	-0%	-5.88%	$+5.88\%$
$\lambda_3,\lambda_4,\lambda_5$	$+5.88\%$	-2.94%	$+0\%$	-0%	-5.88%	$+5.88\%$
$\lambda_1,\lambda_2,\lambda_3,\lambda_4$	$+5.88\%$	-2.94%	$+0\%$	-0%	-5.88%	$+5.88\%$
$\lambda_1,\lambda_2,\lambda_3,\lambda_5$	$+5.88\%$	-2.94%	$+0\%$	-0%	-5.88%	$+5.88\%$
$\lambda_1,\lambda_2,\lambda_4,\lambda_5$	$+5.88\%$	-2.94%	$+0\%$	-0%	-5.88%	$+5.88\%$
$\lambda_1,\lambda_3,\lambda_4,\lambda_5$	$+5.88\%$	-2.94%	$+0\%$	-0%	-5.88%	$+5.88\%$
$\lambda_2,\lambda_3,\lambda_4,\lambda_5$	$+5.88\%$	-2.94%	$+0\%$	-0%	-5.88%	$+5.88\%$
$\lambda_1,\lambda_2,\lambda_3,\lambda_4,\lambda_5$	$+5.88\%$	-2.94%	$+0\%$	-0%	-5.88%	$+5.88\%$
平均值	$+5.88\%$	-2.94%	$+0\%$	-0%	-5.88%	$+5.88\%$

4.4.3 在事故发生的条件下某个前馈信号的发生次数

为了衡量 MASP 中,在事故发生的条件下某个前馈信号的发生次数,即 $n(\lambda_i \mid \text{Accident})$ 的敏感性,我们让每个值分别变动 -5% 和 $+5\%$,而且其他所有因素的值都不变,以观察 G_1 组中所有前馈信号及前馈信号组合的对应的安全风险变化情况,变化结果列于表 4.9 中。

表 4.9　事故发生的条件下某个前馈信号的发生次数导致的安全风险变化情况

	值的变化情况			比例的变化情况	
	-5%	0	$+5\%$	-5%	$+5\%$
λ_1	5.96E−03	6.23E−03	6.50E−03	−4.41%	+4.36%
λ_2	6.07E−03	6.34E−03	6.61E−03	−4.32%	+4.26%
λ_3	4.05E−03	4.25E−03	4.46E−03	−4.80%	+4.78%
λ_4	3.91E−03	4.11E−03	4.30E−03	−4.80%	+4.78%
λ_5	9.71E−03	9.72E−03	9.72E−03	−0.02%	+0.02%
λ_1,λ_2	6.14E−03	6.43E−03	6.72E−03	−4.50%	+4.45%
λ_1,λ_3	5.67E−03	5.95E−03	6.24E−03	−4.80%	+4.78%
λ_1,λ_4	5.40E−03	5.67E−03	5.94E−03	−4.80%	+4.78%
λ_1,λ_5	9.49E−03	9.92E−03	1.04E−02	−4.41%	+4.36%
λ_2,λ_3	6.18E−03	6.50E−03	6.81E−03	−4.80%	+4.78%
λ_2,λ_4	6.07E−03	6.38E−03	6.68E−03	−4.80%	+4.78%
λ_2,λ_5	9.54E−03	9.97E−03	1.04E−02	−4.32%	+4.26%
λ_3,λ_4	6.54E−03	6.87E−03	7.20E−03	−4.80%	+4.78%
λ_3,λ_5	9.45E−03	9.92E−03	1.04E−02	−4.80%	+4.78%
λ_4,λ_5	1.00E−02	1.05E−02	1.10E−02	−4.80%	+4.78%
$\lambda_1,\lambda_2,\lambda_3$	9.72E−03	1.02E−02	1.07E−02	−4.80%	+4.78%
$\lambda_1,\lambda_2,\lambda_4$	9.19E−03	9.66E−03	1.01E−02	−4.80%	+4.78%
$\lambda_1,\lambda_2,\lambda_5$	1.06E−02	1.12E−02	1.17E−02	−4.80%	+4.78%
$\lambda_1,\lambda_3,\lambda_4$	1.00E−02	1.05E−02	1.10E−02	−4.80%	+4.78%
$\lambda_1,\lambda_3,\lambda_5$	1.26E−02	1.32E−02	1.39E−02	−4.80%	+4.78%
$\lambda_1,\lambda_4,\lambda_5$	1.31E−02	1.37E−02	1.44E−02	−4.80%	+4.78%
$\lambda_2,\lambda_3,\lambda_4$	9.45E−03	9.92E−03	1.04E−02	−4.80%	+4.78%
$\lambda_2,\lambda_3,\lambda_5$	1.42E−02	1.49E−02	1.56E−02	−4.80%	+4.78%
$\lambda_2,\lambda_4,\lambda_5$	1.48E−02	1.55E−02	1.63E−02	−4.80%	+4.78%
$\lambda_3,\lambda_4,\lambda_5$	1.36E−02	1.43E−02	1.50E−02	−4.80%	+4.78%
$\lambda_1,\lambda_2,\lambda_3,\lambda_4$	2.43E−02	2.55E−02	2.67E−02	−4.80%	+4.78%
$\lambda_1,\lambda_2,\lambda_3,\lambda_5$	1.89E−02	1.98E−02	2.08E−02	−4.80%	+4.78%
$\lambda_1,\lambda_2,\lambda_4,\lambda_5$	2.00E−02	2.10E−02	2.20E−02	−4.80%	+4.78%
$\lambda_1,\lambda_3,\lambda_4,\lambda_5$	2.13E−02	2.23E−02	2.34E−02	−4.80%	+4.78%
$\lambda_2,\lambda_3,\lambda_4,\lambda_5$	1.79E−02	1.88E−02	1.97E−02	−4.80%	+4.78%
$\lambda_1,\lambda_2,\lambda_3,\lambda_4,\lambda_5$	6.80E−02	7.14E−02	7.49E−02	−4.80%	+4.78%
平均值	1.26E−02	1.33E−02	1.39E−02	−4.58%	+4.56%

4.4.4　在事故发生的条件下前馈信号发生的总次数

为了衡量 MASP 中,在事故发生的条件前馈信号发生的总次数,即 $\sum\limits_{k} n(\lambda_k \mid \text{Accident})$ 的敏感性,我们分别变动-5%和$+5\%$,而且其他所有因素的值都不变,以观察 G_1 组中所有前馈信号及前馈信号组合的对应的安全风险变化情况,变化结果列于表 4.10 中。

表 4.10　在事故发生的条件前馈信号发生的总次数导致的安全风险变化情况

	值的变化情况			比例的变化情况	
	-5%	0	$+5\%$	-5%	$+5\%$
λ_1	6.56E$-$03	6.23E$-$03	5.93E$-$03	5.26%	$-$4.76%
λ_2	6.68E$-$03	6.34E$-$03	6.04E$-$03	5.26%	$-$4.76%
λ_3	4.48E$-$03	4.25E$-$03	4.05E$-$03	5.26%	$-$4.76%
λ_4	4.32E$-$03	4.11E$-$03	3.91E$-$03	5.26%	$-$4.76%
λ_5	1.02E$-$02	9.72E$-$03	9.25E$-$03	5.26%	$-$4.76%
λ_1, λ_2	6.77E$-$03	6.43E$-$03	6.13E$-$03	5.26%	$-$4.76%
λ_1, λ_3	6.27E$-$03	5.95E$-$03	5.67E$-$03	5.26%	$-$4.76%
λ_1, λ_4	5.97E$-$03	5.67E$-$03	5.40E$-$03	5.26%	$-$4.76%
λ_1, λ_5	1.04E$-$02	9.92E$-$03	9.45E$-$03	5.26%	$-$4.76%
λ_2, λ_3	6.84E$-$03	6.50E$-$03	6.19E$-$03	5.26%	$-$4.76%
λ_2, λ_4	6.71E$-$03	6.38E$-$03	6.08E$-$03	5.26%	$-$4.76%
λ_2, λ_5	1.05E$-$02	9.97E$-$03	9.50E$-$03	5.26%	$-$4.76%
λ_3, λ_4	7.23E$-$03	6.87E$-$03	6.54E$-$03	5.26%	$-$4.76%
λ_3, λ_5	1.04E$-$02	9.92E$-$03	9.45E$-$03	5.26%	$-$4.76%
λ_4, λ_5	1.11E$-$02	1.05E$-$02	1.00E$-$02	5.26%	$-$4.76%
$\lambda_1, \lambda_2, \lambda_3$	1.07E$-$02	1.02E$-$02	9.72E$-$03	5.26%	$-$4.76%
$\lambda_1, \lambda_2, \lambda_4$	1.02E$-$02	9.66E$-$03	9.20E$-$03	5.26%	$-$4.76%
$\lambda_1, \lambda_2, \lambda_5$	1.18E$-$02	1.12E$-$02	1.06E$-$02	5.26%	$-$4.76%
$\lambda_1, \lambda_3, \lambda_4$	1.11E$-$02	1.05E$-$02	1.00E$-$02	5.26%	$-$4.76%
$\lambda_1, \lambda_3, \lambda_5$	1.39E$-$02	1.32E$-$02	1.26E$-$02	5.26%	$-$4.76%
$\lambda_1, \lambda_4, \lambda_5$	1.45E$-$02	1.37E$-$02	1.31E$-$02	5.26%	$-$4.76%
$\lambda_2, \lambda_3, \lambda_4$	1.04E$-$02	9.92E$-$03	9.45E$-$03	5.26%	$-$4.76%
$\lambda_2, \lambda_3, \lambda_5$	1.57E$-$02	1.49E$-$02	1.42E$-$02	5.26%	$-$4.76%
$\lambda_2, \lambda_4, \lambda_5$	1.63E$-$02	1.55E$-$02	1.48E$-$02	5.26%	$-$4.76%
$\lambda_3, \lambda_4, \lambda_5$	1.50E$-$02	1.43E$-$02	1.36E$-$02	5.26%	$-$4.76%

	值的变化情况			比例的变化情况	
	-5%	0	$+5\%$	-5%	$+5\%$
$\lambda_1,\lambda_2,\lambda_3,\lambda_4$	2.69E$-$02	2.55E$-$02	2.43E$-$02	5.26%	-4.76%
$\lambda_1,\lambda_2,\lambda_3,\lambda_5$	2.09E$-$02	1.98E$-$02	1.89E$-$02	5.26%	-4.76%
$\lambda_1,\lambda_2,\lambda_4,\lambda_5$	2.21E$-$02	2.10E$-$02	2.00E$-$02	5.26%	-4.76%
$\lambda_1,\lambda_3,\lambda_4,\lambda_5$	2.35E$-$02	2.23E$-$02	2.13E$-$02	5.26%	-4.76%
$\lambda_2,\lambda_3,\lambda_4,\lambda_5$	1.98E$-$02	1.88E$-$02	1.79E$-$02	5.26%	-4.76%
$\lambda_1,\lambda_2,\lambda_3,\lambda_4,\lambda_5$	7.52E$-$02	7.14E$-$02	6.80E$-$02	5.26%	-4.76%
平均值	1.40E$-$02	1.33E$-$02	1.26E$-$02	5.26%	-4.76%

4.4.5 某个前馈信号在观察期内发生的次数

为了衡量 MASP 中某个前馈信号发生的次数,即 $n(\lambda_i)$ 的敏感性,我们分别变动 -5% 和 $+5\%$,而且其他所有因素的值都不变,以观察 G_1 组中所有前馈信号及前馈信号组合的对应的安全风险变化情况,变化结果列于表 4.11 中。

表 4.11 某个前馈信号发生的次数导致的安全风险变化情况

	值的变化情况			比例的变化情况	
	-5%	0	$+5\%$	-5%	$+5\%$
λ_1	6.54E$-$03	6.23E$-$03	6.35E$-$03	4.91%	1.97%
λ_2	6.65E$-$03	6.34E$-$03	6.52E$-$03	4.86%	2.87%
λ_3	4.47E$-$03	4.25E$-$03	4.19E$-$03	5.09%	-1.47%
λ_4	4.31E$-$03	4.11E$-$03	4.05E$-$03	5.08%	-1.36%
λ_5	1.00E$-$02	9.72E$-$03	1.26E$-$02	3.43%	30.12%
λ_1,λ_2	6.75E$-$03	6.43E$-$03	6.48E$-$03	4.97%	0.76%
λ_1,λ_3	6.26E$-$03	5.95E$-$03	5.81E$-$03	5.14%	-2.41%
λ_1,λ_4	5.96E$-$03	5.67E$-$03	5.54E$-$03	5.13%	-2.30%
λ_1,λ_5	1.04E$-$02	9.92E$-$03	9.87E$-$03	5.04%	-0.53%
λ_2,λ_3	6.83E$-$03	6.50E$-$03	6.33E$-$03	5.15%	-2.61%
λ_2,λ_4	6.71E$-$03	6.38E$-$03	6.22E$-$03	5.15%	-2.57%
λ_2,λ_5	1.05E$-$02	9.97E$-$03	9.98E$-$03	5.01%	0.09%
λ_3,λ_4	7.22E$-$03	6.87E$-$03	6.68E$-$03	5.16%	-2.73%
λ_3,λ_5	1.04E$-$02	9.92E$-$03	9.59E$-$03	5.19%	-3.35%
λ_4,λ_5	1.11E$-$02	1.05E$-$02	1.01E$-$02	5.19%	-3.43%

	值的变化情况			比例的变化情况	
	-5%	0	$+5\%$	-5%	$+5\%$
$\lambda_1,\lambda_2,\lambda_3$	1.07E−02	1.02E−02	9.86E−03	5.19%	−3.39%
$\lambda_1,\lambda_2,\lambda_4$	1.02E−02	9.66E−03	9.34E−03	5.19%	−3.31%
$\lambda_1,\lambda_2,\lambda_5$	1.17E−02	1.12E−02	1.08E−02	5.20%	−3.51%
$\lambda_1,\lambda_3,\lambda_4$	1.11E−02	1.05E−02	1.01E−02	5.19%	−3.43%
$\lambda_1,\lambda_3,\lambda_5$	1.39E−02	1.32E−02	1.27E−02	5.21%	−3.70%
$\lambda_1,\lambda_4,\lambda_5$	1.45E−02	1.37E−02	1.32E−02	5.21%	−3.74%
$\lambda_2,\lambda_3,\lambda_4$	1.04E−02	9.92E−03	9.59E−03	5.19%	−3.35%
$\lambda_2,\lambda_3,\lambda_5$	1.57E−02	1.49E−02	1.43E−02	5.21%	−3.82%
$\lambda_2,\lambda_4,\lambda_5$	1.63E−02	1.55E−02	1.49E−02	5.22%	−3.86%
$\lambda_3,\lambda_4,\lambda_5$	1.50E−02	1.43E−02	1.37E−02	5.21%	−3.78%
$\lambda_1,\lambda_2,\lambda_3,\lambda_4$	2.69E−02	2.55E−02	2.44E−02	5.23%	−4.21%
$\lambda_1,\lambda_2,\lambda_3,\lambda_5$	2.09E−02	1.98E−02	1.90E−02	5.23%	−4.06%
$\lambda_1,\lambda_2,\lambda_4,\lambda_5$	2.21E−02	2.10E−02	2.02E−02	5.23%	−4.10%
$\lambda_1,\lambda_3,\lambda_4,\lambda_5$	2.35E−02	2.23E−02	2.14E−02	5.23%	−4.14%
$\lambda_2,\lambda_3,\lambda_4,\lambda_5$	1.98E−02	1.88E−02	1.80E−02	5.22%	−4.02%
$\lambda_1,\lambda_2,\lambda_3,\lambda_4,\lambda_5$	7.52E−02	7.14E−02	6.82E−02	5.25%	−4.57%
平均值	1.39E−02	1.33E−02	1.29E−02	5.09%	−1.55%

4.4.6　前馈信号在观察期内发生的总次数

为了衡量 MASP 中,前馈信号发生的总次数,即 $\sum_k n(\lambda_k)$ 的敏感性,我们分别变动 -5% 和 $+5\%$,而且其他所有因素的值都不变,以观察 G_1 组中所有前馈信号及前馈信号组合的对应的安全风险变化情况,变化结果列于表 4.12 中。

表 4.12　前馈信号发生的总次数导致的安全风险变化情况

	值的变化情况			比例的变化情况	
	-5%	0	$+5\%$	-5%	$+5\%$
λ_1	5.92E−03	6.23E−03	6.54E−03	−9.52%	5.00%
λ_2	6.02E−03	6.34E−03	6.66E−03	−9.52%	5.00%
λ_3	4.04E−03	4.25E−03	4.47E−03	−9.52%	5.00%
λ_4	3.90E−03	4.11E−03	4.31E−03	−9.52%	5.00%

	值的变化情况			比例的变化情况	
	-5%	0	$+5\%$	-5%	$+5\%$
λ_5	9.23E−03	9.72E−03	1.02E−02	−9.52%	5.00%
λ_1,λ_2	6.11E−03	6.43E−03	6.75E−03	−9.52%	5.00%
λ_1,λ_3	5.66E−03	5.95E−03	6.25E−03	−9.52%	5.00%
λ_1,λ_4	5.39E−03	5.67E−03	5.95E−03	−9.52%	5.00%
λ_1,λ_5	9.43E−03	9.92E−03	1.04E−02	−9.52%	5.00%
λ_2,λ_3	6.17E−03	6.50E−03	6.82E−03	−9.52%	5.00%
λ_2,λ_4	6.06E−03	6.38E−03	6.70E−03	−9.52%	5.00%
λ_2,λ_5	9.47E−03	9.97E−03	1.05E−02	−9.52%	5.00%
λ_3,λ_4	6.53E−03	6.87E−03	7.21E−03	−9.52%	5.00%
λ_3,λ_5	9.43E−03	9.92E−03	1.04E−02	−9.52%	5.00%
λ_4,λ_5	9.98E−03	1.05E−02	1.10E−02	−9.52%	5.00%
$\lambda_1,\lambda_2,\lambda_3$	9.70E−03	1.02E−02	1.07E−02	−9.52%	5.00%
$\lambda_1,\lambda_2,\lambda_4$	9.17E−03	9.66E−03	1.01E−02	−9.52%	5.00%
$\lambda_1,\lambda_2,\lambda_5$	1.06E−02	1.12E−02	1.17E−02	−9.52%	5.00%
$\lambda_1,\lambda_3,\lambda_4$	9.98E−03	1.05E−02	1.10E−02	−9.52%	5.00%
$\lambda_1,\lambda_3,\lambda_5$	1.26E−02	1.32E−02	1.39E−02	−9.52%	5.00%
$\lambda_1,\lambda_4,\lambda_5$	1.31E−02	1.37E−02	1.44E−02	−9.52%	5.00%
$\lambda_2,\lambda_3,\lambda_4$	9.43E−03	9.92E−03	1.04E−02	−9.52%	5.00%
$\lambda_2,\lambda_3,\lambda_5$	1.41E−02	1.49E−02	1.56E−02	−9.52%	5.00%
$\lambda_2,\lambda_4,\lambda_5$	1.48E−02	1.55E−02	1.63E−02	−9.52%	5.00%
$\lambda_3,\lambda_4,\lambda_5$	1.36E−02	1.43E−02	1.50E−02	−9.52%	5.00%
$\lambda_1,\lambda_2,\lambda_3,\lambda_4$	2.42E−02	2.55E−02	2.68E−02	−9.52%	5.00%
$\lambda_1,\lambda_2,\lambda_3,\lambda_5$	1.89E−02	1.98E−02	2.08E−02	−9.52%	5.00%
$\lambda_1,\lambda_2,\lambda_4,\lambda_5$	2.00E−02	2.10E−02	2.21E−02	−9.52%	5.00%
$\lambda_1,\lambda_3,\lambda_4,\lambda_5$	2.12E−02	2.23E−02	2.34E−02	−9.52%	5.00%
$\lambda_2,\lambda_3,\lambda_4,\lambda_5$	1.79E−02	1.88E−02	1.97E−02	−9.52%	5.00%
$\lambda_1,\lambda_2,\lambda_3,\lambda_4,\lambda_5$	6.79E−02	7.14E−02	7.50E−02	−9.52%	5.00%
平均值	1.26E−02	1.33E−02	1.39%	−9.52%	5.00%

4.4.7　敏感性分析结果

如果我们用 AF_1 表示 MASP 对致命事故占总事故的比例敏感性,AF_2 表示对经验比例中 303 的敏感性,AF_3 表示对经验比例中 29 的敏感性,AF_4 表示对经验比例中 1 的敏感性,AF_5 表示对在事故发生的条件下某个前馈信号的发生次数的敏感性,AF_6 表示对在事故发生的条件下前馈信号发生的总次数的敏感性,AF_7 表示某个前馈信号在观察期内发生的次数的敏感性,AF_8 表示前馈信号在观察期内发生的总次数的敏感性,表 4.13 列出了其各个平均值变动情况的比较。

表 4.13　平均影响程度比较

变动比例	对 G_1 组原来风险值的平均影响程度							
	AF_1	AF_2	AF_3	AF_4	AF_5	AF_6	AF_7	AF_8
-5%	$+11.80\%$	$+5.88\%$	$+0\%$	-5.88%	-4.58%	5.26%	5.09%	-9.52%
$+5\%$	-8.82%	-2.94%	-0%	$+5.88\%$	$+4.56\%$	-4.76%	-1.55%	5.00%

注:数据来源于表 4.7 至表 4.12 中。

将表 4.13 中的数据标于图上,则可以得到如图 4.9 所示的 MASP 模型的敏感程度对照图。从图上可以看出,AF_4,AF_5 和 AF_8 的变化和前馈信号安全风险平均值的变化成正向关系,即这三个因素的值的增大,会导致前馈信号安全风险平均值的增大;这三个因素的值的减小,会导致前馈信号安全风险平均值的减小。AF_1,AF_2,AF_3,AF_6 和 AF_7 的变化和前馈信号安全风险平均值的变化成反向关系,即这五个因素的值的增大,会导致前馈信号安全风险平均值的减小;这五个因素的值的减小,会导致前馈信号安全风险平均值的增大。

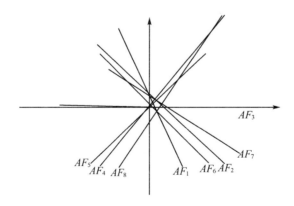

图 4.9　敏感程度对照图

MASP 模型对 AF_4,AF_5 和 AF_8 的敏感程度从大到小依次为:AF_8,AF_4 和 AF_5。而对 AF_1,AF_2,AF_3,AF_6 和 AF_7 的敏感程度从大到小依次为:AF_1,AF_6,AF_2,AF_7 和 AF_3。

4.5　本章小结

　　针对建筑业施工现场前馈信号的特点,本章重点改进了传统的事故序列前馈信号模型(ASP)。对传统事件树的改进之处主要体现在:① 将原有的安全系统改为前馈信号;② 用"发生"和"不发生"替代传统方法中的"成功"和"不成功";③ 将初始事件的单一情况也改为两种情况,即发生和不发生。对风险计量方法的改进之处主要体现在:由于施工现场安全风险管理所关心的概率实际上是一个条件概率,即在某一个前馈信号(或者某几个前馈信号的组合)发生的情况下,可能导致安全事故的风险的情况,从而利用条件概率的公式建立了新的风险计算模型。

　　进而,在改进事故序列前馈信号模型(MASP)的基础上,利用事故案例分析的结果,建立了施工现场安全风险前馈信号事件树,计算了基于前馈信号的施工现场安全风险值,说明了 MASP 的计算过程和结果。最后,针对模型中涉及的不同因素,对各个相关因素进行了敏感性分析。结果表明,AF_4,AF_5 和 AF_8 的变化和前馈信号安全风险平均值的变化成正向关系,而 AF_1,AF_2,AF_3,AF_6 和 AF_7 的变化和前馈信号安全风险平均值的变化成反向关系;MASP 模型对 AF_4,AF_5 和 AF_8 的敏感程度从大到小依次为:AF_8,AF_4 和 AF_5,而对 AF_1,AF_2,AF_3,AF_6 和 AF_7 的敏感程度从大到小依次为:AF_1,AF_6,AF_2,AF_7 和 AF_3。

5 预警系统阈值确定及风险倾向测度

5.1 理论基础及研究方法

5.1.1 信号检测理论的传统应用领域综述

信号检测理论(SDT)是一种基于统计概率的理论,最早建立于电子专业[108],随着现代通信理论、信息理论、计算机科学与技术及微电子技术等的飞速发展,随机信号统计处理的理论和技术也在向干扰环境更复杂、信号形式多样化、技术指标要求更高、应用范围向越来越广的方向发展,并已广泛应用于电子信息系统、模式识别、自动控制等领域[106]。

国外关于信号检测基础理论的研究一直是学者关注的重点,在这些相关领域中的应用更是研究的热点和重点[110,111,112,113,123,124]。国内近期在各个领域中的研究主要包括:刘军等学者利用信号检测理论和泊松过程仿真感觉系统中随机共振现象[114];费珍福等学者研究了分形理论在语音信号端点检测及增强中的应用[115];孙中伟等提出了基于弱信号检测理论的离散小波变换域数字水印盲检测的算法[116];朱志宇等学者研究了基于混沌理论的微弱信号检测方法[117];侯楚林等研究了基于互相关与混沌理论相结合的水下目标信号检测[118];郑丹丹和张涛研究了基于混沌理论的涡街微弱信号检测方法[119];翟文正等学者研究了基于 DSP 和混沌理论的微弱信号检测[132];张汝华等学者研究了信号采样理论在交通流检测点布设中的应用[120];刘春霞等研究了 Lissajou 图形观察法检测信号的理论依据[121];李月等学者研究了基于特定混沌系统微弱谐波信号频率检测的理论分析与仿真[122]。

5.1.2 信号检测理论在社会科学领域的应用综述

国内关于 SDT 的研究还局限在其传统的应用领域,其在社会科学领域应用的研究没有得到认识和重视。

然而,在国外,SDT 在社会科学领域的应用已经非常普遍,SDT 的应用首先出现在心理学和医药领域,特别是在信息获取、倾向测试、精神病诊断和疾病诊断方面[125,127,128,129]。Wickens[129]总结了 SDT 适用领域的三个关于复杂问题决策的例子:① 一个心理医生正在认真尝试着正确诊断一个病人,但是症状非常模糊和不确定,而且这个病人也无法准确地描述这些症状;② 一个地震学家正在试图预测一个大地震,但是判断所依据的数据非常模糊甚至相互矛盾,而且一些从历史记录获得的数据不准确;③ 一个目击者正在试图辨认出一个犯罪嫌疑人,但是案件发生在夜里,目击者也不大清楚,而且目击者的证词已经被重复性的审问了好几遍。显而易见,这三个复杂决策案例有着潜在的共性:都是在影响决策结果的变量不确定的情况下做出决策[129]。

Green 和 Swets 将 SDT 应用于人类的感觉和决策,在这些研究中,参与者要分辨出具有某些特征的信号和不具有这些特征的噪声[127]。SDT 被用来从回答中分辨出敏感度(识别信号的能力)并且计算出相应的估计值,SDT 框架中的这种敏感度分析方法被拓展到很多领域中[108]。Swets 和 Pickett 借鉴了 SDT 的理论和方法,建立了诊断系统的评价方法[125];Deshmukh 和 Rajagopalan 研究了如何利用 SDT 对网页过滤软件的阻拦效果进行有效的评价[108];Pickett 等学者研究了如何利用 SDT 提高零售业的服务质量[126];Ramsay 和 Tubbs 研究了如何在会计诊断系统中应用信号检测理论[107]。SDT 还被广泛应用于内存检测领域、测谎领域、个人选择及审判决策等[108,130]。在建筑业中,信号检测理论曾经被用来评价建筑工人对作业安全能力的测定和评价[109,131]。

信号检测理论的广泛应用证明了这个模型能够帮助决策者有效地区别“信号”和“噪声”,具有降低安全风险预测中类似问题的潜力。

5.1.3　二元信号检测的模型

信号检测理论主要研究在受噪声干扰的随机信号中,信号的“有”、“无”或者信号属于哪个状态的最佳判决的概念、方法和性能等问题[106,129]。以下根据 Wickens 教授的研究成果[129],以及赵树杰和赵建勋的研究成果[106],对信号检测的基本理论进行介绍。

二元统计检测理论的基本模型如图 5.1 所示,模型主要由四部分组成[106]。

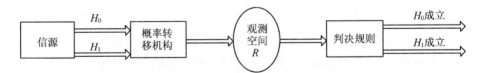

图 5.1　二元信号检测理论模型

模型的第一部分是信源。信源在某一时刻输出一种信号,而在另一时刻可能输出另外一种信号。对于二元信号的情况,信源在某一时刻输出的是两种不同的信号之一。因为在接收端,人们事先并不知道信源在某一时刻输出的是哪种信号,因此需要进行判决,同时也为了分析表示方便,所以我们把信源的输出称为假设,分别记为假设 H_0 和假设 H_1,当信源输出一种信号时记为 H_0,而当信源输出另一种信号时就记为假设 H_1。如二元数字通信系统中,信号由符号“0”和“1”组成,则当信源输出“0”时,用假设 H_0 表示;而当信源输出为“1”时,就用假设 H_1 表示。

模型的第二个部分是概率转移机构。它是在信源输出的其中一个假设为真的基础上,把噪声干扰背景中的假设 $H_j(j=0,1)$ 为真的信号以一定的概率关系映射到观测空间中。

例如,当假设 H_0 为真时,信源输出信号$-A$;当假设 H_1 为真时,信源的输出信号与服从 $N(0,\sigma^2)$ 的高斯噪声 n 叠加,其和就是观测空间中的随机观测信号$(x|H_j)$ $(j=0,1)$。这样,在两个假设下,观测信号的模型就为:

$$\begin{cases} H_0:x=-A+n \\ H_1:x=A+n \end{cases} \tag{5.1}$$

由于噪声 $n\sim N(0,\sigma_n^2)$,信号$-A$ 和 A 设定为确知信号,且 $A>0$,所以$(x|H_0)\sim$ $N(-A,\sigma_n^2)$,$(x|H_1)\sim N(A,\sigma_n^2)$。这样,观测信号$(x|H_j)(j=0,1)$的生成模型及相应的概率密度函数 $p(x|H_j)$ 如图 5.2 所示。

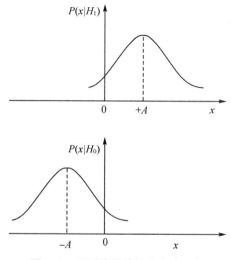

图 5.2　观测信号的概率密度函数

模型的第三个部分是观测空间 R。观测空间 R 是在信源输出不同信号状态下,在噪声干扰背景中,由概率转移机构所生成的全部可能观测量的集合。观测量可以是一维的随机观测信号,也可以是 N 维的随机观测矢量。

模型的第四部分是判决规则。观测量落入观测空间后,就可以用来推断哪一个假设成立是合理的,即判断信号属于哪种状态。为此需要建立一个判决规则,以便使观测空间中的每一个点对应着一个相应的假设 $H_j(j=0,1)$。判决结果就是选择假设 H_0 成立,还是选择假设 H_1 成立。统计假设检验的任务就是根据观测量落在观测空间中的位置,按照某种检验规则,做出信号状态是属于哪个假设的判决。因此,统计判决问题实际上是观测空间 R 的划分问题。在二元信号检测中,是把整个观测空间 R 划分成 R_0 和 R_1 两个子空间,并满足 $R=R_0\cup R_1,R_0\cap R_1=\varnothing$。子空间 R_0 和 R_1 称为判决域。如果观测空间 R 中的某个观测量 $(x|H_j)(j=0,1)$落入 R_0 域,就判断假设 H_0 成立,否则就判断假设 H_1 成立,如图 5.3 所示。

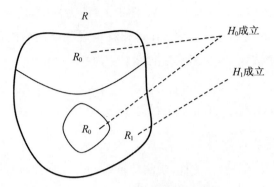

图 5.3　二元信号检测的判决域

5.1.4　多元信号检测的模型

可以把二元信号检测的模型推广到 M 元信号的检测中。在 M 元信号检测中,信源有 M 种可能的输出信号状态,分别记为假设 $H_j(j=0,1,\cdots,M-1)$。在噪声干扰背景中,信源的每种输出信号经概率转移机构生成随机观测量 $(x\mid H_j)$。它以一定的概率空间映射到整个观测空间 R 中。根据判决标准,我们把整个观测空间 R 划分为 $R_i(i=0,1,\cdots,M-1)$ 共 M 个子空间,如图 5.4 所示,并满足:

$$\mathop{U}_{i=0}^{M-1}R_i=R \tag{5.2}$$

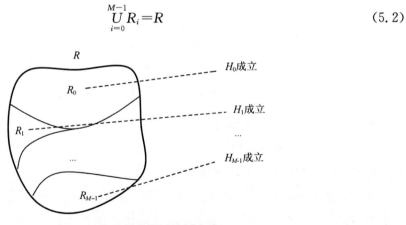

图 5.4　多元信号检测的判决域

并且:

$$\mathop{I}_{i=0}^{M-1}R_i=\varnothing \tag{5.3}$$

5.1.5　信号检测的结果和判决概率

信号的统计检测就是统计学中的假设检验。给信号的每种可能状态一个假设 $H_j(j=0,1,\cdots,M-1)$,$M\geqslant2$,检验就是信号检测系统对信号属于哪个状态的统计判决,所以信号的统计检验又称假设检验。

1) 二元信号的情况

在二元信号情况下,信源有两种可能的输出信号,分别记为假设 H_0 和假设 H_1。在噪声干扰背景中,信源的输出信号经概率转移机构以一定的概率映射到整个观测空间 R 中,生成观测量 $(x|H_0)$ 和 $(x|H_1)$。当根据判决规则将观测空间 R 划分为 R_0 和 R_1 两个判决区域,观测量 $(x|H_0)$ 有可能落在 R_0 域,从而判决假设 H_0 成立,这一结果记为 $(H_0|H_0)$;观测量 $(x|H_0)$ 有可能落在 R_1 域,从而判决假设 H_1 成立,这一结果记为 $(H_1|H_0)$。类似的,观测量 $(x|H_1)$ 有可能落在 R_0 域,从而判决假设 H_0 成立,这一结果记为 $(H_0|H_1)$;观测量 $(x|H_1)$ 有可能落在 R_1 域,从而判决假设 H_1 成立,这一结果记为 $(H_1|H_1)$。也就是说,在二元信号的情况下,共有四种可能的判决结果,其中两种判决结果是正确的,另外两种判决结果是错误的。可以把这四种判决结果统一地记为 $(H_i|H_j)$$(i,j=0,1)$,含义是:在假设 H_j 为真的条件下,判决假设 H_i 成立的结果,如表 5.1 所示。

表 5.1 二元信号判决结果

判决	假设	
	H_0	H_1
H_0	$(H_0|H_0)$	$(H_0|H_1)$
H_1	$(H_1|H_0)$	$(H_1|H_1)$

对应每一种判决结果 $(H_i|H_j)$$(i,j=0,1)$,有相应的判决概率 $P(H_i|H_j)$$(i,j=0,1)$,它的含义是:在假设 H_j 为真的情况下,H_i 成立的概率。在假设 H_j 为真的情况下,观测量 $(x|H_j)$ 的概率密度函数为 $p(x|H_j)$,由于观测量 $(x|H_j)$ 落在 R_i 域判决假设 H_i 成立,所以判决概率 $P(H_i|H_j)$ 可以表示为:

$$P(H_i|H_j) = \int_{R_i} p(x|H_j)\mathrm{d}x \qquad i,j = 0,1 \tag{5.4}$$

其中两个是正确判决的概率,两个是错误判决的概率。显然,在观测量 $(x|H_j)$ 的概率密度函数 $p(x|H_j)$ 确定的情况下,判决概率 $P(H_i|H_j)$ 的大小与判决域 $R_i$$(i=0,1)$ 的划分有关。就判决概率而言,我们希望正确判决概率尽可能大,而错误判决概率尽可能小,这就涉及判决域 $R_i$$(i=0,1)$ 的正确划分问题。二元信号情况的判决概率归纳在表 5.2 中。

表 5.2 二元信号判决概率

判决	假设	
	H_0	H_1
H_0	$P(H_0|H_0)$	$P(H_0|H_1)$
H_1	$P(H_1|H_0)$	$P(H_1|H_1)$

假设 H_0 下和 H_1 下观测信号的概率密度函数 $p(x|H_0)$ 和 $p(x|H_1)$ 如图 5.5 所示。观测空间 R 是 $-\infty < x < \infty$ 的实数轴。因为假定 $A>0$,所以如果观测信号 $(x|H_j)$ 落在实数轴的正

半轴上大于等于 x_0 的区间，则判决假设 H_1 成立是合理的，反之判决假设 H_0 成立。这样，如果我们把 (x_0,∞) 划分为 R_1 域，$(-\infty,x_0)$ 划分为 R_0 域，则相应的判决概率为 $P(H_i|H_j)$，见图 5.5。

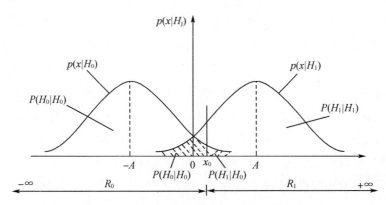

图 5.5　二元信号检测的判决域划分与判决概率

如果我们把 x_0 降低，则正确判决概率 $P(H_1|H_1)$ 将增大，但同时另一个正确判决概率 $P(H_0|H_0)$ 将减小；如果把 x_0 提高，结果相反。这意味着判决域的划分不仅影响判决概率 $P(H_i|H_j)$，而且有着最佳的划分方法，这正是信号检测理论要研究的问题。

2）M 元信号的情况

类似于二元信号的情况，我们有 M 元信号统计检测的结果和判决概率。当假设 H_j 为真时，判决 H_i 成立的结果记为 $(H_i|H_j)(i,j=0,1,\cdots,M-1)$，共有 M^2 种判决结果，其中 M 种是正确判决的结果，$M(M-1)$ 种是错误判决的结果。对应于每种判决结果有相应的判决概率 $P(H_i|H_j)$，可以表示为：

$$P(H_i|H_j) = \int_{R_i} p(x|H_j)\mathrm{d}x \qquad i,j = 0,1,\cdots,M-1 \tag{5.5}$$

综上所述，为了获得某种意义上的最佳信号检测结果，应正确划分观测空间 R 中的各个判决域 $R_i(i=0,1,\cdots,M-1)$，而判决域的划分与采用的最佳检测准则密切相关。

5.2　基于 SDT 的施工现场安全风险实时预测系统构建与比较

5.2.1　施工现场安全风险实时预测的判决域划分与判决概率

从信号检测理论的角度来看，施工现场安全风险实时预测的目标就是在复杂的环境中，在安全危险源实时监控的基础上，检测安全危险源的前馈信号是否来自于安全事故的分布函数。这样的决策就有四种可能，如图 5.6 所示。

实时预测

		危险的	安全的
实际情况	事故	$P($危险的$\mid$事故$)=P_H$	$P($安全的$\mid$安全$)=P_M$
	安全	$P($危险的$\mid$安全$)=P_F$	$P($安全的$\mid$安全$)=P_C$

图 5.6 施工现场安全风险实时预测的决策结果

施工现场关心的是 P_H（即：实际情况是将要发生"事故"，而且实时预测结果也是"危险的"）的概率，P_H 表示的是施工现场安全风险预测的精度，这对预防安全事故的发生是至关重要的，如图 5.7 所示。从另外一个方面说，P_H 的增加会导致 P_F 同时增加，也就是导致恒虚警率（实际情况是"安全"，但实时预测结果是"危险的"）增加，继而导致采取及时措施的成本增加。

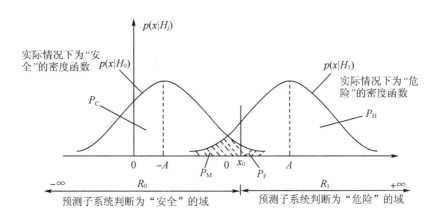

图 5.7 施工现场安全风险预测的判决域及判决概率

如果我们把 x_0 降低，则正确判决概率 P_H 将增大，但同时另一个正确判决概率 P_C 将减小；如果把 x_0 提高，结果相反。这意味着判决域的划分不仅影响判决概率，而且有着最佳的划分方法。下面将讨论应用于不同环境的最佳检测准则。

5.2.2 基于贝叶斯准则确定预警阈值的模型

由上面分析可知，施工现场安全风险前馈信号统计检测的结果对应着四种判决概率，P_H、P_F、P_M 和 P_C。这四种判决概率是评价施工现场安全风险预测子系统检测性能的重要因素之一，但仅考虑判决概率 P_H、P_F、P_M 和 P_C 有时是不够的。例如，在两种错误判决概率相等的情况下，即 $P_F=P_M$，如果假设 H_0 为真的先验概率 $P(H_0)$ 与假设 H_1 为真的先验概率 $P(H_1)$ 不相等，那么先验概率 $P(H_j)(j=0,1)$ 大的假设所对应的错误概率对检测性能的影响大于另一个错误概率的影响；或者极端地说，如果 $P(H_0)=0$，那么即使 $P_M=1$ 也对检测性能没有影响,因为 H_0 为真的概率为零。所以,应先考虑假设 H_0 为真和假设 H_1 为真的先验概率 $P(H_0)$ 和 $P(H_1)$,显然 $P(H_0)+P(H_1)=1$。

此外,还应该考虑各种判决所付出的代价是不一样的,例如,实际情况是"危险"的,但判断是"安全"(P_M),那么施工现场就有可能为此而付出非常巨大的代价。而如果实际情况是"安全"的,但判断是"危险"(P_F),那么施工现场的代价则仅仅是多做了几次预警和采取的措施。各种判决情况下,付出的代价显然是不一样的。为此,可以赋予每种可能的判决一个代价,用代价因子 c_{00}、c_{10}、c_{11} 和 c_{01} 分别表示 P_C、P_F、P_H 和 P_M 的代价。正确的判决也是具有代价的,如实际情况是"危险",而且判断也是"危险",那么为了消除危险隐患是要付出成本的。但满足 $c_{10}>c_{00}$,$c_{01}>c_{11}$,则是合理的约束条件。

综合考虑上面三个因素:判决概率(P_C、P_F、P_H 和 P_M),先验概率 $P(H_0)$ 和 $P(H_1)$,判决的代价因子(c_{00}、c_{10}、c_{11} 和 c_{01}),可以求出平均代价 C。所谓贝叶斯准则,就是在假设 $P(H_0)$ 和 $P(H_1)$ 已知,各种判决代价因子(c_{00}、c_{10}、c_{11} 和 c_{01})给定的情况下,使平均代价 C 最小的准则。假设 H_j 为真时判决所付出的条件平均代价为:

$$C(H_j) = \sum_{i=0}^{1} c_{ij} P(H_i | H_j), \qquad j = 0,1 \tag{5.6}$$

考虑到假设 H_j 出现的先验概率为 $P(H_j)$,则判决所付出的总代价(又称为平均风险)为:

$$C = P(H_0)C(H_0) + P(H_1)C(H_1) = \sum_{j=0}^{1} \sum_{i=0}^{1} c_{ij} P(H_j) P(H_i | H_j) \tag{5.7}$$

再根据信号统计检测的基本概念:

$$P(H_i | H_j) = \int_{R_i} p(x | H_j) \mathrm{d}x \tag{5.8}$$

所以,平均代价 C 可以表示为:

$$
\begin{aligned}
C &= \sum_{j=0}^{1} \sum_{i=0}^{1} c_{ij} P(H_j) \int_{R_i} p(x | H_j) \mathrm{d}x \\
&= c_{00} P(H_0) \int_{R_0} p(x | H_0) \mathrm{d}x + c_{10} P(H_0) \int_{R_1} p(x | H_0) \mathrm{d}x + c_{01} P(H_1) \int_{R_0} p(x | H_1) \mathrm{d}x + \\
&\quad c_{11} P(H_1) \int_{R_1} p(x | H_1) \mathrm{d}x
\end{aligned} \tag{5.9}
$$

因为观测空间 R 划分为 R_0 和 R_1 域,且满足 $R = R_0 \cup R_1$,$R_0 \cap R_1 = \varnothing$;又因为对于整个观测空间有:

$$\int_{R} p(x | H_j) \mathrm{d}x = 1 \tag{5.10}$$

所以 R_1 域的积分项可以表示为:

$$\int_{R_1} p(x|H_j)\mathrm{d}x = 1 - \int_{R_0} p(x|H_j)\mathrm{d}x \tag{5.11}$$

进而,平均代价 C 可以进一步表示为:

$$C = c_{00}P(H_0)\int_{R_0} p(x|H_0)\mathrm{d}x + c_{10}P(H_0)\int_{R_1} p(x|H_0)\mathrm{d}x + c_{01}P(H_1)\int_{R_0} p(x|H_1)\mathrm{d}x +$$

$$c_{11}P(H_1)\int_{R_1} p(x|H_1)\mathrm{d}x$$

$$= c_{10}P(H_0) + c_{11}P(H_1) + \int_{R_0} \big[P(H_1)(c_{01} - c_{11})p(x|H_1) - P(H_0)(c_{10} - c_{00})p(x|H_0)\big]\mathrm{d}x \tag{5.12}$$

容易看出,式(5.12)中第一项和第二项是固定平均代价的分量,与判决域的划分无关,不影响平均代价 C 的极小化。由于代价因子 $c_{ij,i\neq j} > c_{jj}$,概率密度函数 $p(x|H_j) \geqslant 0$,所以上式中的被积函数是两个正项函数之差,在某些 x 值处被积函数可能取正值,而在另外一些 x 值处被积函数又可能取负值,因此上式中的积分项是平均代价的可变部分,它的正负受积分域 R_0 的控制。根据贝叶斯准则,应使平均代价最小,为此,把凡是使被积函数取负值的那些 x 值划分给 R_0 域,而把其余的 x 值划分给 R_1 域,以保证平均代价最小。至于使被积函数为零的那些值划分给 R_0 还是 R_1 是一样的,因为这不影响平均代价,但是为了统一起见,这样的 x 值我们都划分给 R_1 域。这样,判决表示式为:

$$\begin{cases} P(H_1)(c_{01}-c_{11})p(x|H_1) < P(H_0)(c_{10}-c_{00})p(x|H_0),判决假设 H_0 成立,即判断为"安全" \\ P(H_1)(c_{01}-c_{11})p(x|H_1) < P(H_0)(c_{10}-c_{00})p(x|H_0),判决假设 H_1 成立,即判断为"危险" \end{cases} \tag{5.13}$$

将式(5.13)改写,得到贝叶斯准则判决表示式:

$$\begin{cases} \dfrac{p(x|H_1)}{p(x|H_0)} < \dfrac{P(H_0)(c_{10}-c_{00})}{P(H_1)(c_{01}-c_{11})},判决假设 H_0 成立,即判断为"安全" \\[3mm] \dfrac{p(x|H_1)}{p(x|H_0)} \geqslant \dfrac{P(H_0)(c_{10}-c_{00})}{P(H_1)(c_{01}-c_{11})},判决假设 H_1 成立,即判断为"危险" \end{cases} \tag{5.14}$$

$\dfrac{p(x|H_1)}{p(x|H_0)}$ 是两个转移概率密度函数(又称似然函数)之比,称为似然比函数(likelihood ratio function),用 $\lambda(x)$ 表示,即:

$$\lambda(x) \overset{\text{def}}{=} \frac{p(x|H_1)}{p(x|H_0)} \tag{5.15}$$

$\dfrac{P(H_0)(c_{10}-c_{00})}{P(H_1)(c_{01}-c_{11})}$ 是由先验概率 $P(H_j)$ 和代价因子 c_{ij} 决定的常数,称为似然比检测门限(likelihood ratio detection threshold),记为:

$$\frac{P(H_0)(c_{10}-c_{00})}{P(H_1)(c_{01}-c_{11})} \overset{\text{def}}{=} \eta \tag{5.16}$$

于是,由贝叶斯准则得到的似然比检验(likelihood ratio test)为:

$$\begin{cases} \lambda(x) < \eta, \text{判决假设 } H_0 \text{ 成立,即判断为"安全"} \\ \lambda(x) \geqslant \eta, \text{判决假设 } H_1 \text{ 成立,即判断为"危险"} \end{cases} \tag{5.17}$$

显然,$\lambda(x)$ 是一个检验统计量,似然比检验要对观测量 x 进行处理,即在两个假设下对观测量 x 进行统计描述,得到反映其统计特性的概率密度函数(似然函数)$p(x|H_0)$ 和 $p(x|H_1)$ 的基础上,计算似然比函数 $\lambda(x)$;然后与似然比检测门限 η 相比较以做出判断。实现判决的原理如图 5.8 所示。

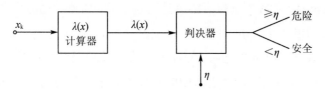

图 5.8　似然比检验的原理

贝叶斯准则是使平均代价 C 最小的信号检测准则,所以平均代价 C 是贝叶斯准则的性能指标。在已知各假设的先验概率 H_j 和给定判决的代价因子 c_{ij} 的条件下,求出平均代价 C 的关键是计算各判决概率 P_H、P_F、P_M 和 P_C。各种判决是由检验统计量 $\lambda(x)$ 与检测门限 η 相比较做出的,而检验统计量是随机变量,因此,为了计算各判决概率,应首先求出检验统计量的概率密度函数,然后根据判决式所示的判决域,就可以计算各种判决概率 P_H、P_F、P_M 和 P_C。结合已知的各假设的先验概率 $P(H_0)$ 和 $P(H_1)$,以及对各种判决所给定的代价因子 c_{00}、c_{10}、c_{11} 和 c_{01} 以后,就可以求得平均代价 C,从而对检测的性能进行评价,并提出改善检测性能的措施。

5.2.3　基于最小平均错误概率准则确定预警阈值的模型

如果 $c_{11}=c_{00}=0$,$c_{01}=c_{10}=1$,即正确判决不付出代价,错误判决代价相同,则此时的平均代价 C 就是:

$$C = P(H_0)\int_{R_1} p(x|H_0)\mathrm{d}x + P(H_1)\int_{R_0} p(x|H_1)\mathrm{d}x \tag{5.18}$$

此式正好是平均错误概率。因此,将上式用平均错误概率 P_e 表示为:

$$P_e = P(H_0)\int_{R_1} p(x|H_0)\mathrm{d}x + P(H_1)\int_{R_0} p(x|H_1)\mathrm{d}x \tag{5.19}$$

使平均错误概率最小的准则称为最小平均错误概率准则。类似贝叶斯准则的分析方法,平均错误概率 P_e 可以表示为:

$$P_e = P(H_0)\int_{R_1} p(x|H_0)\mathrm{d}x + P(H_1)\int_{R_0} p(x|H_1)\mathrm{d}x = P(H_0) + \int_{R_0} \big[P(H_1)p(x|H_1) - P(H_0)p(x|H_0) \big] \mathrm{d}x \tag{5.20}$$

为了使 P_e 最小,把凡是使被积函数取负值的那些 x 值划分给 R_0 域,而把其余的 x 值划分给 R_1 域,得到判决表达式:

$$\begin{cases} P(H_1)p(x|H_1) < P(H_0)p(x|H_0),\text{判决假设 } H_0 \text{ 成立,即判断为"安全"} \\ P(H_1)p(x|H_1) \geqslant P(H_0)p(x|H_0),\text{判决假设 } H_1 \text{ 成立,即判断为"危险"} \end{cases} \tag{5.21}$$

整理后得到最小错误概率准则的判决表达式为:

$$\begin{cases} \dfrac{p(x|H_1)}{p(x|H_0)} < \dfrac{P(H_0)}{P(H_1)},\text{判决假设 } H_0 \text{ 成立,即判断为"安全"} \\ \dfrac{p(x|H_1)}{p(x|H_0)} \geqslant \dfrac{P(H_0)}{P(H_1)},\text{判决假设 } H_1 \text{ 成立,即判断为"危险"} \end{cases} \tag{5.22}$$

$\dfrac{p(x|H_1)}{p(x|H_0)}$ 用 $\lambda(x)$ 表示,即:

$$\lambda(x) \overset{\text{def}}{=} \frac{p(x|H_1)}{p(x|H_0)} \tag{5.23}$$

$\dfrac{P(H_0)}{P(H_1)}$ 记为:

$$\frac{P(H_0)}{P(H_1)} \overset{\text{def}}{=} \eta \tag{5.24}$$

所以,似然比检验最后可以记为:

$$\begin{cases} \lambda(x) < \eta, \quad \text{判决假设 } H_0 \text{ 成立,即判断为"安全"} \\ \lambda(x) \geqslant \eta, \quad \text{判决假设 } H_1 \text{ 成立,即判断为"危险"} \end{cases} \tag{5.25}$$

5.2.4 基于最大后验概率准则确定预警阈值的模型

在贝叶斯准则中,当代价因子满足 $c_{10} - c_{00} = c_{01} - c_{11}$ 时,判决式便成为:

$$\begin{cases} \dfrac{p(x|H_1)}{p(x|H_0)} < \dfrac{P(H_0)}{P(H_1)},\text{判决假设 } H_0 \text{ 成立,即判断为"安全"} \\ \dfrac{p(x|H_1)}{p(x|H_0)} \geqslant \dfrac{P(H_0)}{P(H_1)},\text{判决假设 } H_1 \text{ 成立,即判断为"危险"} \end{cases} \tag{5.26}$$

或等价地表示为:

$$\begin{cases} P(H_1)p(x|H_1) < P(H_0)p(x|H_0),\text{判决假设 } H_0 \text{ 成立,即判断为"安全"} \\ P(H_1)p(x|H_1) \geqslant P(H_0)p(x|H_0),\text{判决假设 } H_1 \text{ 成立,即判断为"危险"} \end{cases} \tag{5.27}$$

因为：

$$P[H_1 \mid (x \leqslant X \leqslant x+\mathrm{d}x)] = \frac{P[(x \leqslant X \leqslant x+\mathrm{d}x) \mid H_1]P(H_1)}{P(x \leqslant X \leqslant x+\mathrm{d}x)} \tag{5.28}$$

且当 $\mathrm{d}x$ 很小时,有：

$$P[(x \leqslant X \leqslant x+\mathrm{d}x) \mid H_1] = p(x \mid H_1)\mathrm{d}x$$

$$P(x \leqslant X \leqslant x+\mathrm{d}x) = p(x)\mathrm{d}x$$

$$P[H_1 \mid (x \leqslant X \leqslant x+\mathrm{d}x)] = P(H_1 \mid x)$$

从而得到：

$$P(H_1 \mid x) = \frac{p(x \mid H_1)\mathrm{d}x P(H_1)}{p(x)\mathrm{d}x} = \frac{p(x \mid H_1)P(H_1)}{p(x)} \tag{5.29}$$

即：

$$P(H_1)p(x \mid H_1) = p(x)P(H_1 \mid x) \tag{5.30}$$

同理可得：

$$P(H_0)p(x \mid H_0) = p(x)P(H_0 \mid x) \tag{5.31}$$

这样,判决式就变为：

$$\begin{cases} p(x)P(H_1 \mid x) < p(x)P(H_0 \mid x), \text{判决假设 } H_0 \text{ 成立,即判断为"安全"} \\ p(x)P(H_1 \mid x) \geqslant p(x)P(H_0 \mid x), \text{判决假设 } H_1 \text{ 成立,即判断为"危险"} \end{cases} \tag{5.32}$$

即：

$$\begin{cases} P(H_1 \mid x) < P(H_0 \mid x), \text{判决假设 } H_0 \text{ 成立,即判断为"安全"} \\ P(H_1 \mid x) \geqslant P(H_0 \mid x), \text{判决假设 } H_1 \text{ 成立,即判断为"危险"} \end{cases} \tag{5.33}$$

$P(H_1 \mid x)$ 和 $P(H_0 \mid x)$ 分别是在已经获得观测量 x 的条件下,假设 H_0 成立和假设 H_1 成立的概率,称为后验概率。

5.2.5　基于奈曼-皮尔逊准则确定预警阈值的模型

有些情况下,既不能预知先验概率 $P(H_j)$ 也无法对各种判决结果给定代价因子 c_{ij},为了适应这种情况,并考虑到在该情况下安全系统最关心的是判决概率 P_H[即 $P(H_1 \mid H_1)$]和 P_F[即 $P(H_1 \mid H_0)$]。当然希望错误判决概率 P_F 尽可能的小,而正确判决概率 P_H 尽可能的大。但是在信噪比一定的情况下,增大 P_H,会导致 P_F 随之增大。为此,在错误判决概率 $P_F = \alpha$ 的约束条件下,使正确判决概率 P_H 最大的准则,这就是奈曼-皮尔逊准则。在施工现场,P_F,即错误判决概率 $P(H_1 \mid H_0)$ 是虚警概率,而正确判决概率 P_H,即

$P(H_1|H_1)$ 是检测概率。为了保证安全风险预测子系统能有效地处理有用的数据，通常对虚警概率的大小要有一个约束值 α，以避免过多的虚假数据进入安全风险预测子系统而影响其工作效率；同时要求有用的数据尽可能没有丢失地进入系统，这就要求正确的检测概率最大。

在 $P_F = \alpha$ 的约束下，设计使 P_H 最大，即 $P_M = 1 - P(H_1|H_1)$ 最小的检验。为此，利用拉格朗日乘子 $\mu(\mu \geqslant 0)$ 构造一个目标函数：

$$J = P(H_0|H_1) + \mu[P(H_1|H_0) - \alpha] = \int_{R_0} p(x|H_1)\mathrm{d}x + \mu\left[\int_{R_1} p(x|H_0)\mathrm{d}x - \alpha\right] \tag{5.34}$$

显然，当 $P(H_1|H_0) = \alpha$，则 J 达到最小，$P(H_0|H_1)$ 就达到最小。变换积分域，上式就变为：

$$J = \mu(1-\alpha) + \int_{R_0} [p(x|H_1) - \mu p(x|H_0)]\mathrm{d}x \tag{5.35}$$

因为 $\mu \geqslant 0$，所以 J 中第一项是非负的，要使 J 达到最小，只要把上式中使被积函数项为负的 x 值划归 R_0 域，判决 H_0 成立就可以了，否则划归 R_1 域，判决 H_1 成立，即：

$$\begin{cases} p(x|H_1) < \mu p(x|H_0)，判决假设 H_0 成立，即判断为"安全" \\ p(x|H_1) \geqslant \mu p(x|H_0)，判决假设 H_1 成立，即判断为"危险" \end{cases} \tag{5.36}$$

写成似然比的形式为：

$$\begin{cases} \lambda(x) = \dfrac{p(x|H_1)}{p(x|H_0)} < \mu，判决假设 H_0 成立，即判断为"安全" \\ \lambda(x) = \dfrac{p(x|H_1)}{p(x|H_0)} \geqslant \mu，判决假设 H_1 成立，即判断为"危险" \end{cases} \tag{5.37}$$

为了满足 $P(H_1|H_0) = \alpha$ 的约束，选择 μ 使

$$P(H_1|H_0) = \int_{R_1} p(x|H_0)\mathrm{d}x = \int_{\mu}^{\infty} p(\lambda|H_0)\mathrm{d}\lambda = \alpha \tag{5.38}$$

于是，对于给定的 α，μ 可以由上式解出。因为 $0 \leqslant \alpha \leqslant 1$，$\lambda(x) = p(x|H_1)/p(x|H_0) \geqslant 0$，$p[\lambda(x)] \geqslant 0$，所以由上式解出的 μ 必须满足 $\mu \geqslant 0$。

类似上式有：

$$\begin{cases} P(H_1|H_1) = \int_{\mu}^{\infty} p(\lambda|H_1)\mathrm{d}\lambda \\ P(H_0|H_1) = \int_{0}^{\mu} p(\lambda|H_1)\mathrm{d}\lambda \end{cases} \tag{5.39}$$

显然，μ 增大，$P(H_1|H_0)$ 减小，$P(H_0|H_1)$ 增大；相反，μ 减小，$P(H_1|H_0)$ 增大，$P(H_0|H_1)$ 减小。也就是说，改变 μ 就可以调整判决域 R_0 和 R_1。μ 为似然比检验门限，为统一将 μ 仍用 η 表示。

5.2.6　施工现场统计检测模型的适用性比较

在以上构建的施工现场安全风险实时预测子系统的主要检测准则中,都要求计算似然比函数 $\lambda(x)$,但检测门限 η 随着采用的准则不同而有所不同。这些准则有各自的"最佳"性能指标:贝叶斯准则要求平均代价最小;最小错误概率准则要求平均错误概率最小;而奈曼-皮尔逊准则要求在错误判决概率 $P_F = \alpha$ 的约束下,使正确判决概率 P_H 最大。不同准则的"最佳"性能指标,都与判决概率 P_F 和 P_H 有关。

贝叶斯准则模型下,要求知道各假设的先验概率 $P(H_0)$ 和 $P(H_1)$,和对各种判决所给定的代价因子 c_{00}、c_{10}、c_{11} 和 c_{01} 以后,然后才可以求得平均代价 C。如果 $c_{11} = c_{00} = 0$,$c_{01} = c_{10} = 1$,即正确判决不付出代价,错误判决代价相同,则此时的平均代价 C 就是最小错误概率准则。当代价因子满足 $c_{10} - c_{00} = c_{01} - c_{11}$ 时,则为最大后验概率准则。奈曼-皮尔逊准则要求在错误判决概率 $P_F = \alpha$ 的约束下,使正确判决概率 P_H 最大。

考虑到实际情况中,施工现场最关心的就是 P_H,同时又不希望恒虚警率 P_F 过高,而且考虑到一般情况下 c_{00}、c_{10}、c_{11} 和 c_{01} 无法准确估算,因此基于奈曼-皮尔逊准则建立的施工现场安全风险实时预测系统比较适合于现阶段的应用。在相关研究(如对 c_{00}、c_{10}、c_{11} 和 c_{01})达到一定水平以后,也可以根据各个现场的不同特点,选择采用其他几个模型。

5.3　基于奈曼-皮尔逊准则的阈值计算结果及预测结果

5.3.1　安全信号密度函数的参数估计及假设检验

为了得到施工现场"安全"情况下的风险的密度函数(噪声),和"危险"情况下的密度函数(信号),我们需要一个对照信息,即在观察到前馈信号的情况下,其实际情况是否危险。这里观察到的前馈信号及其相应的风险如表4.6所示,其实际情况下是否危险的数据参见附录4。

为了估算安全信号的分布函数,并对其进行假设检验,在SPSS13.0的环境下,对附录4中的数据进行了处理,计算结果如下,对数据描述性的总体统计情况如表5.3和表5.4所示。

表 5.3　数据处理总结

	Cases					
	Valid		Missing		Total	
	N	Percent	N	Percent	N	Percent
VAR00001	485	100.0%	0	.0%	485	100.0%

表 5.4 数据描述结果

			Statistic	Std. Error
Safe Signal	Mean		.009 177	.000 170 1
	95% Confidence Interval for Mean	Lower Bound	.008 843	
		Upper Bound	.009 511	
	5% Trimmed Mean		.009 142	
	Median		.009 920	
	Variance		.000	
	Std. Deviation		.0037 467	
	Minimum		.001 9	
	Maximum		.020 6	
	Range		.018 7	
	Interquartile Range		.005 0	
	Skewness		.043	.111
	Kurtosis		−.426	.221

针对数据制作的箱体图如图 5.9 所示，其比较直观地描述了安全信号数据的总体分布情况。

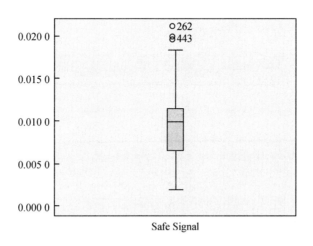

图 5.9 安全信号数据的箱体图

为了初步检验数据是否服从正态分布，做出的直方图（包括正态分布曲线趋势图）如图 5.10 所示。

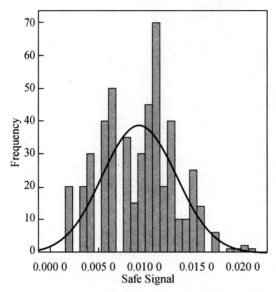

Mean=0.009 177
Srd.Dev.=0.003 746 7
N=485

图 5.10　直方图及正态分布曲线

从图 5.10 中可以初步看出,数据的分布是比较符合正态分布曲线的,于是进一步做相应的检验,验证其是否服从正态分布,相应的计算参数如表 5.5 所示,相应的 Q-Q 散点图如图 5.11 和 5.12 所示。因为 Shapiro-Wilk 的计算值非常接近 1,并且 **Q-Q** 散点图也显示了比较好的符合性,因此,接受该分布来自于正态总体的假设,即认为安全信号的数据近似服从均值为 0.009 2,标准差为 0.003 7 的正态分布,密度函数为:

$$f_{Safe}(x) = \frac{1}{\sqrt{2\pi} \times 0.003\ 7} e^{-\frac{(x-0.009\ 2)^2}{2 \times 0.003\ 7^2}}, \quad -\infty < x < \infty \tag{5.40}$$

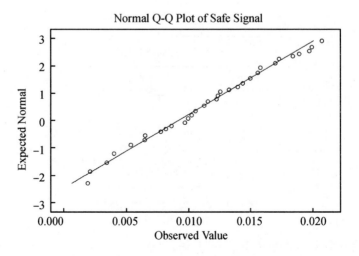

图 5.11　Q-Q 正态分布散点图

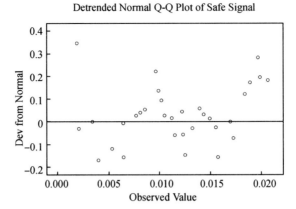

图 5.12　去掉趋势后的 Q-Q 正态分布散点图

表 5.5　正态分布检验

	Kolmogorov-Smirnov			Shapiro-Wilk		
	Statistic	df	Sig.	Statistic	df	Sig.
VAR00001	.118	485	.000	.979	485	.000

5.3.2　危险信号密度函数的参数估计及假设检验

为了估算危险安全信号的分布函数,并对其进行假设检验,在 SPSS13.0 的环境下,对附录 5 中的数据也进行了处理,对数据描述性的总体统计情况如表 5.6 和表 5.7 所示。

表 5.6　数据处理总结

	Cases					
	Valid		Missing		Total	
	N	Percent	N	Percent	N	Percent
Danger Signal	126	100.0%	0	.0%	126	100.0%

表 5.7　数据描述结果

			Statistic	Std. Error
Danger Signal	Mean		.018 6 90	.000 275 1
	95% Confidence Interval for Mean	Lower Bound	.018 146	
		Upper Bound	.019 235	
	5% Trimmed Mean		.018 679	
	Median		.018 800	
	Variance		.000	
	Std. Deviation		.003 088 0	

续表 5.7

			Statistic	Std. Error
Danger Signal	Mean		.0186 90	.000 275 1
	95% Confidence Interval for Mean	Lower Bound	.0181 46	
		Upper Bound	.019 235	
	Minimum		.010 3	
	Maximum		.025 5	
	Range		.015 2	
	Interquartile Range		.003 7	
	Skewness		−.012	.216
	Kurtosis		.204	.428

　　针对危险信号数据制作的箱体图如图 5.13 所示,比较直观地描述了危险信号数据的总体分布情况。

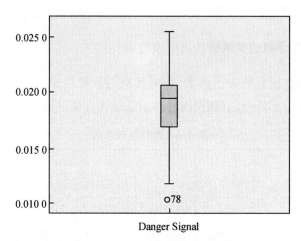

图 5.13　危险信号数据的箱体图

　　为了初步检验数据是否服从正态分布,做出的直方图(包括正态分布曲线趋势图)如图 5.14 所示。从图 5.14 中可以初步看出,数据的分布是比较符合正态分布曲线的,于是进一步做相应的检验,验证其是否服从正态分布,相应的计算参数如表 5.8 所示,相应的 Q-Q 散点图如图 5.15 和 5.16 所示。因为 Shapiro-Wilk 值非常接近 1,并且 Q-Q 散点图也显示了比较好的符合性,因此,接受该分布来自于正态总体的假设,即认为危险信号的数据也近似服从均值为 0.018 7,标准差为 0.003 1 的正态分布,密度函数为:

$$f_{\text{Danger}}(x)=\frac{1}{\sqrt{2\pi}\times 0.0031}\mathrm{e}^{-\frac{(x-0.0187)^2}{2\times 0.0031^2}}, -\infty < x < \infty \qquad (5.41)$$

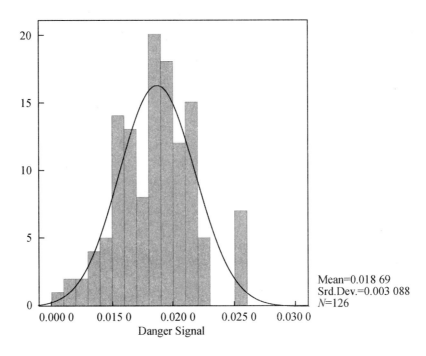

图 5.14　直方图及正态分布曲线

表 5.8　正态分布检验

	Kolmogorov-Smirnov			Shapiro-Wilk		
	Statistic	df	Sig.	Statistic	df	Sig.
Danger Signal	.101	126	.003	.975	126	.018

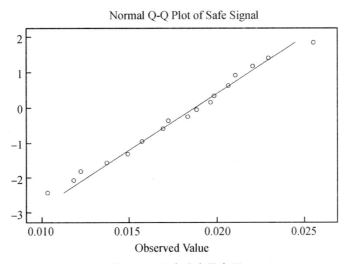

图 5.15　正态分布散点图

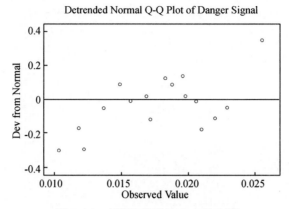

图 5.16　去掉趋势后的 Q-Q 散点图

5.3.3　奈曼-皮尔逊准则下的阈值计算

为了确定在奈曼-皮尔逊准则下的预警阈值,首先要根据实际情况,确定施工现场对恒虚警率 P_F 的约束限制 α。为了便于理解 α 的在实际中的含义,表 5.9 列举了不同百分比情况下 P_F 代表的可能含义。

表 5.9　不同 α 值下 P_F 的实际含义

α	P_F	实际含义	预警系统安全等级
0.05	5%	在被预警系统判断为"危险"的 100 个情况下,实际情况为"安全"的平均值不超过 5 个	低
0.25	25%	在被预警系统判断为"危险"的 100 个情况下,实际情况为"安全"的平均值不超过 25 个	较低
0.50	50%	在被预警系统判断为"危险"的 100 个情况下,实际情况为"安全"的平均值不超过 50 个	中等
0.75	75%	在被预警系统判断为"危险"的 100 个情况下,实际情况为"安全"的平均值不超过 75 个	较高
0.95	95%	在被预警系统判断为"危险"的 100 个情况下,实际情况为"安全"的平均值不超过 95 个	高

注明:"安全等级"的值是为了便于理解而列举的参考值。

以 $\alpha = 0.25$ 为示例,根据式(5.40),因为安全信号的密度函数为:

$$f_{\text{Safe}}(x) = \frac{1}{\sqrt{2\pi} \times 0.003\,7} e^{-\frac{(x-0.009\,2)^2}{2 \times 0.003\,7^2}}, \quad -\infty < x < \infty$$

根据公式:

$$P(H_1 \mid H_0) = \int_\eta^\infty f_{\text{Safe}}(x)\mathrm{d}x = 0.25 \tag{5.42}$$

查正态分布表可得:

$$\frac{\eta-0.009\,2}{0.003\,7}=0.67 \tag{5.43}$$

即奈曼-皮尔逊准则下的预警阈值 η：

$$\eta=0.011\,7 \tag{5.44}$$

从而，奈曼-皮尔逊准则下的预警准则就是：

$$\begin{cases} \lambda(x)=\dfrac{f_{\text{Danger}}(x)}{f_{\text{Safe}}(x)}<0.011\,7,\text{判断为"安全"} \\[3mm] \lambda(x)=\dfrac{f_{\text{Danger}}(x)}{f_{\text{Safe}}(x)}\geqslant0.0117,\text{判断为"危险"} \end{cases} \tag{5.45}$$

5.3.4　判断结果

对照阈值 $\eta=0.0117$，对附录 4 和附录 5 所列的风险值进行判断，判断结果如表 5.10 所示。

表 5.10　附录 4 及附录 5 的预警判断结果

前馈信号及其组合	风险值	$\lambda(x)$	判断	前馈信号及其组合	风险值	$\lambda(x)$	判断
λ_2,λ_3	6.50E−03	6.7E−04	安全	λ_{15}	7.73E−03	2.5E−03	安全
λ_3,λ_5	9.92E−03	2.2E−02	危险	λ_{17}	4.02E−03	4.3E−05	安全
λ_4,λ_5	1.05E−02	3.8E−02	危险	λ_{19}	8.59E−03	5.9E−03	安全
$\lambda_1,\lambda_2,\lambda_3$	1.02E−02	2.9E−02	危险	$\lambda_{12},\lambda_{16}$	2.11E−03	4.5E−06	安全
$\lambda_1,\lambda_2,\lambda_4$	9.66E−03	1.7E−02	危险	$\lambda_{12},\lambda_{19}$	1.25E−02	2.4E−01	危险
$\lambda_1,\lambda_2,\lambda_5$	1.12E−02	7.4E−02	危险	$\lambda_5,\lambda_{12},\lambda_{19}$	1.96E−02	6.0E+01	危险
$\lambda_1,\lambda_3,\lambda_4$	1.05E−02	3.8E−02	危险	$\lambda_{12},\lambda_{16},\lambda_{19}$	1.72E−02	1.1E+01	危险
$\lambda_1,\lambda_3,\lambda_5$	1.32E−02	4.4E−01	危险	λ_{20}	8.14E−03	3.7E−03	安全
$\lambda_2,\lambda_3,\lambda_5$	1.49E−02	1.8E+00	危险	λ_5,λ_{20}	1.69E−02	8.8E+00	危险
$\lambda_2,\lambda_4,\lambda_5$	1.55E−02	3.0E+00	危险	λ_1,λ_{12}	1.92E−03	3.6E−06	安全
$\lambda_3,\lambda_4,\lambda_5$	1.43E−02	1.1E+00	危险	$\lambda_5,\lambda_8,\lambda_{17}$	1.83E−02	2.4E+01	危险
$\lambda_1,\lambda_2,\lambda_3,\lambda_5$	1.98E−02	6.8E+01	危险	$\lambda_1,\lambda_2,\lambda_3,\lambda_4$	2.55E−02	1.8E+03	危险
$\lambda_2,\lambda_3,\lambda_4,\lambda_5$	1.88E−02	3.5E+01	危险	$\lambda_1,\lambda_2,\lambda_4,\lambda_5$	2.10E−02	1.5E+02	危险
λ_7	5.38E−03	2.0E−04	安全	λ_8,λ_9	1.57E−02	3.5E+00	危险
$\lambda_5,\lambda_6,\lambda_7$	2.06E−02	1.1E+02	危险	$\lambda_5,\lambda_8,\lambda_9$	2.20E−02	2.7E+02	危险
λ_9	6.47E−03	6.5E−04	安全	λ_5,λ_{10}	1.03E−02	3.2E−02	危险
λ_5,λ_9	1.22E−02	1.8E−01	危险	λ_8,λ_{10}	1.37E−02	6.8E−01	危险

前馈信号及其组合	风险值	$\lambda(x)$	判断	前馈信号及其组合	风险值	$\lambda(x)$	判断
λ_{10}	3.43E−03	2.2E−05	安全	$\lambda_5,\lambda_8,\lambda_{10}$	1.37E−02	6.8E−01	危险
λ_5,λ_{12}	1.39E−02	8.1E−01	危险	λ_5,λ_{14}	1.57E−02	3.5E+00	危险
λ_6,λ_8	1.12E−02	7.4E−02	危险	λ_8,λ_{12}	1.18E−02	1.3E−01	危险
λ_5,λ_{13}	1.23E−02	2.0E−01	危险	$\lambda_5,\lambda_{16},\lambda_{19}$	2.29E−02	4.5E+02	危险
λ_8,λ_{11}	1.15E−02	9.7E−02	危险	$\lambda_5,\lambda_{15},\lambda_{17}$	1.22E−02	1.8E−01	危险
$\lambda_2,\lambda_5,\lambda_8$	1.57E−02	3.5E+00	危险				

5.3.5　有关问题讨论

首先要讨论的是模型的分布形式问题。虽然信号检测模型是在正态分布的基础上推导而来的,但从推导过程容易看出,其实并不是安全信号的密度函数和危险信号的密度函数必须满足正态分布的条件下才可以使用基于奈曼-皮尔逊准则的阈值确定方法。无论安全信号的密度函数和危险信号的密度函数是服从什么类型的分布,只要能够拟合出其最适合的分布方式,并通过参数估计得到其相应参数,进而得到其密度函数,就可以基于奈曼-皮尔逊准则去确定预警的阈值。

另外,对于模型分布形式假设检验中的显著性水平的设置问题。考虑模型计算初期(估算安全风险)使用了部分估算的结果,所以数据上并不是非常严格,因而也没有必要将显著性水平严格限制在 0.05 或者更低,这样会导致很多情况下对模型分布形式的检验不通过,可以适当放宽显著性水平到 0.1 甚至 0.2,并结合直方图或者 Q-Q 图,以及其他形式的散点图去综合考虑确定是否接受信号服从某种分布的假设。

此外,关于奈曼-皮尔逊准则以外的其他几种模型的应用条件情况,考虑到建筑业施工现场的实际情况,"最小错误概率准则"和"最大后验概率准则"的基本假设并不太适合。在对建筑业安全事故的相关经济性成本研究发展到一定程度以后,可以考虑使用基于贝叶斯准则的阈值确定方法。

5.4　施工现场安全风险预警系统的敏感性及风险倾向测度

5.4.1　敏感性及风险倾向的定量化描述

施工现场安全风险预警系统的敏感性,即指的是施工现场采用的预警系统是否能够清楚地区分"安全"和"危险"的情况。如果区分非常明确,则称为敏感性高;如果区分并不明确,则称为敏感性低。在图 5.17 中,距离 Z_1 和 Z_2 的和就是预警系统敏感性的定量化描述。

距离 Z_1 和 Z_2 的和越大,说明预警系统对安全信号和危险信号的区分越明确,其敏感性越高;距离 Z_1 和 Z_2 的和越小,说明预警系统对安全信号和危险信号的区分越不明确,其敏感性就越差。

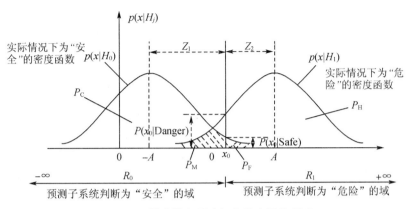

图 5.17 敏感性和风险倾向的定量化描述

从图 5.17 也可以看出,如果 x_0 更多的往危险信号那个方向(右边)多一点的话,则在 P_F 减小的同时,导致 P_H 同时减小,换句话说,就是预警系统将更加倾向于把"危险"的情况判断为"安全"。同样道理,如果 x_0 更多的往安全信号那个方向(左边)多一点的话,则在 P_M 减小的同时,导致 P_C 同时减小,换句话说,就是预警系统将更加倾向于把"安全"的情况判断为"危险"。以上这种倾向性,反映的就是预警系统的风险倾向性,即该预警系统更加倾向于把"危险"的情况判断为"安全"(风险偏好型),还是更加倾向于把"安全"的情况判断为"危险"(保守型)。毫无疑问,对预警系统的这种风险倾向进行定量化的了解和描述,有助于施工现场进一步掌握其安全风险预警系统的工作特性,并适时对其进行利用以提高预警系统的安全性能。在信号检测理论框架中,也提供了一种衡量系统风险特征的方法,即用似然率(likelihood)表示目前的情况[129](β_{Current}):

$$\beta_{\text{Current}} = \frac{P(x_0 \mid \text{Danger})}{P(x_0 \mid \text{Safe})} \tag{5.46}$$

在图 5.17 上,$P(x_0 \mid \text{Danger})$ 即表现为 x_0 标准线和危险信号密度函数的交点,到 x 轴的垂直距离;$P(x_0 \mid \text{Safe})$ 即表现为 x_0 标准线和安全信号密度函数的交点,到 x 轴的垂直距离。二者的比值就是目前的似然率。在信号检测理论框架中,也提供了用以比较的最优似然率[129],即 β_{Opt}:

$$\beta_{\text{Opt}} = \frac{P(\text{Safe})}{P(\text{Danger})} \tag{5.47}$$

将 β_{Current} 和 β_{Opt} 进行比较,则可以判断出目前的预警系统是风险偏好型还是保守型的。判断标准为,如果 β_{Current} 大于 β_{Opt},则为判断标准值更多的往危险信号那个方向(右边)多一点,属于风险偏好型;如果 β_{Current} 小于 β_{Opt},则为判断标准值更多的往安全信号那个方向

（左边）多一点，属于保守型。从施工现场安全问题的重要性来看，一般希望预警系统偏于保守型，这样安全可靠性能够高一些。

5.4.2　敏感性的计算结果

根据表 5.10 的风险判断结果，并参照附录 4 和附录 5 中的相关数据，经过简单统计，可以得到如表 5.11 所示的施工现场安全风险判断矩阵表。

表 5.11　判断矩阵表

		预警系统的预警判断	
		危险的	安全的
实际情况	危险	$P_H = 0.615$	$P_M = 0.385$
	安全	$P_F = 0.607$	$P_C = 0.393$

根据 $P_F = 0.607$ 和 $P_M = 0.385$，查正态分布表，可以得到：

$$\frac{Z_1 - 0.009\,2}{0.003\,7} = -0.27 \tag{5.49}$$

$$\frac{Z_2 - 0.018\,7}{0.003\,1} = 0.29 \tag{5.50}$$

所以，$Z_1 = 0.008\,2$，$Z_2 = 0.019\,6$，因而 $Z_1 + Z_2 = 0.008\,2 + 0.019\,6 = 0.027\,8$。根据参考文献[109]对距离值的解释，该示例中的预警系统的敏感性较低。导致这个结果的问题在于，示例中假设数据的安全信号密度函数和危险信号密度函数"重叠"部分过多，导致敏感性不高。虽然在确定阈值的时候限定 $P_M = 0.25$，但实际上做不到，实际值约为 0.675。

在实际的施工现场安全风险预警系统的评价中如果碰到这种情况的评价结果，首先应考虑实际中"安全"和"危险"情况的区分程度是否过低，通过更加严格区分实际情况中的"安全"情况和"危险"情况，能够进一步区分安全信号的密度函数和危险信号的密度函数，从而增加预警系统的区分性。

5.4.3　风险倾向的计算结果

安全信号密度函数的均值是 0.009\,2，危险信号密度函数的均值是 0.018\,7，而且 $Z_1 = 0.008\,2$，$Z_2 = 0.019\,6$，容易算出 $x_0 \approx 0.001$。将 $x_0 \approx 0.001$ 分别带入安全信号密度函数(5.40)和危险信号密度函数(5.41)，再根据式(5.46)则可以得到 $\beta_{Current}$：

$$\beta_{Current} = \frac{P(x_0 = 0.001 \mid Danger)}{P(x_0 = 0.001 \mid Safe)} = 1.15 \times 10^{-6} \tag{5.51}$$

根据表 5.11 的基础数据，依据式(5.47)可以得到 β_{Opt}：

$$\beta_{Opt} = \frac{P(Safe)}{P(Danger)} = \frac{534}{624} = 0.86 \tag{5.52}$$

因为 $\beta_{Current}$ 小于 β_{Opt},所以判断标准值更多的往安全信号那个方向(左边)多一点,该安全风险预警系统倾向于把"安全"的情况判断为"危险",属于保守型。

5.5　本章小结

本章首先建立了基于信号检测理论(SDT)的施工现场安全风险预测模型,并详细解释了四种判断概率的实际含义。在此基础上,建立并比较了不同准则下预警阈值的计算方法和使用条件,指出在目前的情况下使用奈曼-皮尔逊准则确定阈值是合适的。其次,对安全信号密度函数和危险信号密度函数的形式进行了假设,对参数进行了估计,并且对分布形式进行了假设检验。最后,利用示例数据,基于奈曼-皮尔逊准则计算了相应的预警阈值,得到了示例预警系统风险判断结果,并基于SDT方法对示例预警系统的敏感性和风险倾向进行了测度。结果表明,示例预警系统的敏感性较低,风险倾向属于保守型。

6 实时监控子系统实现的可能性及其系统设计

6.1 理论基础及研究方法

6.1.1 案例分析及其结果

对已经发生过的安全事故的历史记录进行分析,可以提供关于最常发生的事故、其起源以及原因等非常有用的信息[134],而且也提供了丰富的关于安全事故前馈信号的信息[75]。最常见的关于安全事故的分类是高空摔落、撞击、陷入\陷进、电击和其他[9]。施工现场的这些类型的事故中,在高空摔落[55,56]、撞击[135,20]和电击[19,136]这三方面相关学者已经做了很大的努力。

为了利用充足的历史记录以获得更加准确的分布,本书分析了美国从 1995 年到 2008 年的安全事故,所采用的案例来自美国 OSHA。这些案例通过 Microsofe Access 软件建成数据库的形式。最重要的是,每一个案例都由一个情景摘要和详细事故说明组成,有可能提供关于施工现场未遂事件有价值的信息。此外,为了针对普通常规形式的工程类型,统计分析的事故类型被限制于住宅、商业和工业厂房中,这对建筑业更有实际意义。最终,进一步分析了从 1995 年到 2008 年的 4640 个住宅、商业和工业厂房的案例,其中,高空坠落的比例为 49.5%,撞击的比例为 14.94%,电击的比例为 12.18%,陷入\陷进的比例为 7.8%,表 6.1 给出了详细统计结果。高空坠落事故的严重性显然高出了其他以所有类型的工程作为研究对象的统计结果[9,55,56]。事实上,其他类中未知类型的事故占到了其他类型的 40.50%,这个结果也在一定程度上支持了 Carter 和 Smith 的观点,他们认为,目前对安全危险源的识别水平还远没有达到理想状态[4]。

在这些结果的基础上,因为高空摔落、撞击、陷入\陷进、电击的严重性和普遍性,进一步分析了其未遂事件。每种类型的案例都被随机的分组,每组包括 10 个相同类型的案例。然后,一组一组地进行,通过进一步分析每个案例得到未遂事件,直到在下一组的分析中,没有再出现新的类型的未遂事件为止。最后,再使用结果中常见的未遂事件来分析数据自动获取的需求。

表 6.1 OSHA 事故统计结果(1995—2008 年)

类别	子类别	数目	百分比
高空摔落 (49.05%)	1. 从梯子上摔落	293	12.87%
	2. 从屋顶摔落	781	34.31%
	3. 从脚手架上摔落	316	13.88%
	4. 从升降机上摔落	57	2.50%
	5. 从结构上摔落(除了屋顶)	363	15.95%
	6. 从过道的平台上坠落(与构筑物连接)	53	2.33%
	7. 从缺口坠落(除了屋顶)	199	8.74%
	8. 从交通工具摔落(交通工具/施工设备)	36	1.58%
	9. 其他	178	7.82%
撞击 (14.94%)	1. 被设备撞击	399	57.58%
	2. 被坠落的物体撞击	294	42.42%
电击 (12.18%)	1. 接触到暴露的电线被电击	243	43.01%
	2. 接触到设备上的电线被电击	188	33.27%
	3. 设备安装或工具使用时被电击	70	12.39%
	4. 其他的未知的原因被电击	64	11.33%
陷入\陷进 (7.8%)	1. 卡在固定设备中	29	8.01%
	2. 结构塌陷被困住	203	56.08%
	3. 挡板倒塌	116	32.04%
	4. 墙体倒塌	14	3.87%
其他 (16.03%)	1. 窒息\吸入有毒气体	87	11.69%
	2. 溺死	11	1.48%
	3. 火灾/爆破	58	7.80%
	4. 高温/低温	46	6.18%
	5. 其他	244	32.80%
	6. 未知	298	40.05%

注明:事故类型限制在住宅、商业和工业厂房。

6.1.2 无线射频识别(RFID)

无线射频识别(RFID)是利用无线电射频实现可编程控制器(PLC)或微机(PC)与标识间的数据传输,从而实现非接触式目标识别与跟踪[137]。一个典型的 RFID 射频识别系统包括四部分:标识、天线、控制器和主机(PLC 或 PC),系统结构如图 6.1 所示[137]。标识一般固定在跟踪识别对象上,在标识中可以存储一定字节的数据,用于记录识别对象的重要信息。当标识随识别对象移动时,标识就成为一个移动的数据载体。天线的作用是通过无线电磁波从标识中读数据或写数据到标识中。控制器用于控制天线与 PLC 或 PC 间的数据通信,有的控制器还带有数字量输入输出,可以直接用于控制。控制器与天线合称读写器。PLC 或 PC 根据读写器捕捉到的标识中的数据完成相应的过程控制,或进行数据分析、显示和存储。

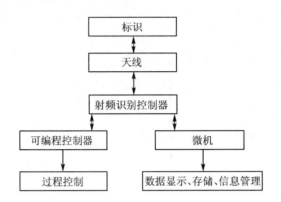

图 6.1　典型的 RFID 射频识别系统

随着科学技术的发展,建筑业也已经开始研究如何利用 RFID 技术,去解决建筑业的问题。Navon 和 Sacks 讨论了自动监控数据的收集,并讨论了可供选择的技术[138]。Ergen 和 Akinci 指出,RFID 具有在动态施工环境下自动跟踪材料和组件的潜力[139]。Yagi 等学者也指出,当使用 RFID 技术的时候,关于产品的信息可以被自身所携带,并用于管理整个系统[140]。Wang 建议了一个基于 RFID 的质量管理系统,提供了一个收集、过滤、管理、监控和分享质量数据的平台[141]。此外,Wang 等学者发展了用于建筑业的基于动态移动 RFID 的供应链控制和管理系统[142]。就风险管理领域而言,Rittenberry 认为,智能安全管理系统已经将对高空摔落的管理带到了信息时代,因为它使用了 RFID 标签,当被 PDA 读出信息的时候,可以知道齿轮的使用时间、上次检查时间、任务历史以及其他相关信息[143]。

6.1.3　无线传感器网络(WSN)和 Zigbee 协议

无线传感器网络(WSN)是由大量传感器结点通过无线通信技术自组织构成的网络,它能够实现数据的采集量化、处理融合和传输应用,这些应用一般不需要很高的带宽,但是对功耗要求却很高,大部分时间必须保持低功耗[144]。而且由于无线传感结点通常使用存储容量受限的嵌入式处理器/控制器,因此对协议栈的大小也有严格限制[144]。

WSN 在建筑业中的应用目前最主要的是在结构的健康检测领域[145,146,147]。此外,Jang 建立了一套框架,集成无线射频和超声波技术对施工现场的财产进行定位[148]。

WSN 的特殊性对应用于该技术的网络协议提出了较高要求,Zigbee(IEEE 802.15.4)是目前最具竞争力的 WSN 网络协议[144]。根据 Zigbee 协议规定的技术是一种短距离、低功耗的无线通信技术,其特点是近距离、低复杂度、低功耗、低数据速率、低成本[144]。主要适合用于自动控制和远程控制领域,可以嵌入各种设备,简而言之,Zigbee 就是一种便宜的、低功耗的近距离无线组网通讯技术[144,145]。

6.1.4　调查问卷和 Kappa 统计值

结构化调查问卷是根据本章中设计的系统的预期性能设计的,其目的是获得安全管理人员和安全顾问的观点,通过该问卷来检验由未遂事件自动实时监控系统提供的可获得的未遂事件实时信息的实用性。

此外,Kappa 统计量的目的是评价问卷调查的结果是不是存在部分或完全的偶然性。Kappa 统计值方法是最常用的,被用来衡量评分者内部一致性的工具,用来评价评分者之间达成的一致性是否仅仅是由于偶然性造成的[89,149,150]。多个问题,而且每个问题由多个评分者进行打分的方法,被用来衡量施工现场安全管理人员/安全顾问之间达成的一致性。

6.2　自动获取数据的需求分析

6.2.1　现有研究的不足

考虑到未遂事件造成安全事故的比例关系,它无疑为可能发生的事故提供了重要信息,并且对进一步提高施工现场的安全绩效有着重要意义。通过实时监控未遂事件,从而在事故即将出现之前采取相应的措施,可以很大程度上提高安全绩效。与此同时,英国拉夫堡大学的 ConCA 事故原因模型在事故原因系统分析方面的最新研究成果,把事故的直接原因归为人的原因、环境原因和设备及材料原因之间的交互作用[58,59,70],这说明未遂事件不仅包括人、环境、设备和材料这些单独的因素,而且包括他们之间的交互作用。

然而,到目前为止,在未遂事件自动获取数据的需求分析和施工现场未遂事件实时监控的实现技术这个两方面,几乎没有任何研究。本书的目的就是通过分析识别未遂事件自动获取数据的需求和研究基于 Zigbee 协议的射频识别无线传感器网络(Zigbee RFID WSN)[144,151]的使用性能和达到这些要求的可行性,来填补这方面研究的空缺。

6.2.2　主要的未遂事件分析结果

根据 6.1.1 中的预定标准,利用 PaICFs 调查模型,一共分析了 7 组(70 个案例)高空摔落类事故、4 组(40 个案例)撞击类事故、5 组(50 个案例)电击类事故和 5 组(50 个)陷入/陷进类事故。因为在每个类别的分析中,从最后一组中得不到新的前馈信号,于是案例分析的就停止了。从那些实际安全事故中得到的主要未遂事件结果在表 6.2 中列出。

表 6.2　主要未遂事件分析结果

类别	代码	主要未遂事件
高空摔落	F—1	在接近孔洞或无保护的有缺口的地方工作
	F—2	梯子或工具长时间未检查
	F—3	擅自到未经允许的高风险区域
	F—4	缺乏经验和不正确使用 PPE(Personal Protection Equipment)
	F—5	雨后在屋顶或脚手架上工作
	F—6	光线不够的情况下在屋顶或脚手架上工作
	F—7	没有按照正确程序安装\拆除\移动脚手架或跳板
	F—8	使用未经检查的脚手架
撞击	S—1	司机或设备操作人员视角上受限制,对周围工人位置判断错误
	S—2	在移动的设备的附近工作,但没有注意设备的移动
	S—3	被噪声干扰而忽略了警告
	S—4	光线不够导致工人看不清移动的设备
	S—5	在边缘工作,并且接近没有固定的材料或者工具
	S—6	未经允许操作设备
电击	E—1	工作时没有看到头顶的电线
	E—2	缺乏经验,不恰当的使用 PPE
	E—3	没有保持和危险源的安全距离
	E—4	擅自接近未经允许的危险区域
	E—5	错误的程序引起电力系统断电
	E—6	在潮湿环境中工作
陷入\陷进	C—1	在正在运行的设备附近工作
	C—2	站在箱式挡板保护区域以外
	C—3	用箱式挡板支撑斜坡侧面时没有按正确程序操作
	C—4	重型设备在隧道边缘或深坑的边缘运行

与现有的研究结果进行比较时发现,从大量实际历史事故记录中得到的主要的未遂事件涵盖了大部分重要的造成事故的原因[9,55,56,135,20,19,136]。

6.2.3　自动获取数据的需求分析

对于表 6.2 中的 F—1,因为孔洞和无保护的缺口位置不会改变,如果我们能够得到工人的实时位置信息,就能够在发现相关工人太靠近于孔洞的和无保护的缺口附近工作时,提前通知他们。因此,F—1 的自动获取数据的需求需要实时位置信息。对于 F—2,需要最后一次检查时间、工作经验以及其他类似的信息。因为这类信息与它们的"身份"相关,F—2 的自动获取数据的需求包括身份类实时信息。与 F—1 类似,F—3 的自动获取数据的需求也同样需要位置类实时信息。F—4 的需求包括,在一些高危险性工作之前,简明提示相关的程序信息,如恰当使用 PPE 方法的程序和简介,这仍然可以认为是与身份相关的一类实时信息,因为其也可以通过信息存储和信息读取来完成相应功能。F—5 和 F—6 明显是需要与湿度和亮度相关的实时信息,这些信息归为环境类实时信息。F—7 需要与 F—4 类似的正确操作程序的信息,属于身份类实时信息。F—8 与 F—2 相同,需要最后一次检查时间和工作历史及其他类似信息,也同样是身份类实时信息。

分析撞击的未遂事件,S—1 需要周围工人位置的实时信息,操作人员可以根据它来调整操作。S—2 与工人和设备之间位置相关,需要位置类实时信息。S—3 需要噪声强度和持续时间的信息,这属于环境类实时信息。S—4 也要求关于光线的环境信息,属于环境类信息。S—5 需要未固定的材料、工具的位置的实时信息,以及在较低楼层工作的工人位置的实时信息,属于位置类信息。在案例分析的过程中,S—6 需要操作人员的职业资格证,工作经验和类似信息的身份类实时信息。

在电击未遂事件中,E—1 需要工人相对于电线位置的实时信息。E—2 需要工作经验、恰当使用 PPE 程序的身份类实时信息。E—3 和 E—4 都需要工人位置的实时信息。E—5 需要属于身份类实时信息的简洁正确的程序信息。E—6 需要属于环境类实时信息的湿度信息。

分析陷入/陷进类未遂事件,C—1 和 C—2 需要工人位置的实时信息。C—3 需要简洁正确的操作程序的身份类信息。C—4 需要设备位置的实时信息。

总之,自动获取数据的需求大体上由位置、身份和环境的实时信息组成。表 6.3 简要概括了分析的结果。

表 6.3 自动获取数据的需求类别

要求	主要未遂事件
位置	F—1,F—3;S—1,S—2,S—5;E—1,E—3,E—4;C—1,C—2,C—4
身份	F—2,F—4,F—7,F—8;S—6;E—2,E—5;C—3
环境	F—5,F—6;S—3,S—4;E—6

采用将直接原因分为人的原因、环境原因、材料和设备原因,图 6.2 表示了自动获取数据的需求示意图。

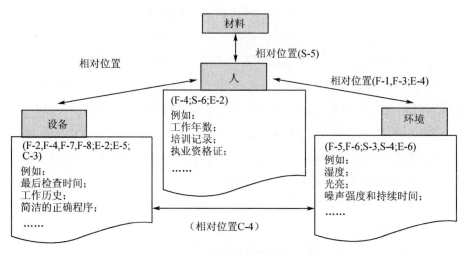

图 6.2　自动获取数据的需求示意图

6.3　技术上实现数据自动获取的系统结构设计及硬件采用

6.3.1　系统结构的设计

根据 6.2.3 的分析,自动获取数据的需求主要是对位置类、身份类和环境类三个方面的实时信息。因此,本书建议的系统设计的目标是满足这三类数据需求,并为系统集成提供解决方案。

提供安全、快速和非接触的身份认证,无线射频识别(RFID)产业发展迅猛,系统有各种各样的应用,例如财产追踪、制造、供应链管理、门禁控制和支付系统等。在我们的场景中,无线射频识别(RFID)对工人、设备和材料的身份认证较为理想。我们系统中无线射频识别(RFID)将承担的任务是在特定位置的工人和车辆的进入控制、重要材料及危险材料的管理,工人对特殊设备的操作权控制,以及对工作程序简明描述等信息。

在施工领域实现定位和监控的技术包括图像获取数据(激光扫描仪和摄影机)、自动识别技术(条形码和 RFID 标签)、追踪技术(GPS 和 LAN),以及流程监测技术(OBI)、超声波测距、超宽频(UWB)等[152]。UWB 技术已经成为目前世界上关于施工现场实时测距的主流方向之一。

传感器将真实世界物理状态的量转化为能够被观测者或者仪器可读的电子信号。已经设计出许多类型的传感器来测量几乎所有的环境状态。在我们的场景中,我们感兴趣的主要状态是噪声、光照、温度和湿度,这些都能被电子传感器所测量。环境状态的数据被收集后,被传送回本地服务器显示和储存,这就是我们选择无线传感器网络来传输传感数据的原因。

无线传感器网络(WSN)被广泛用来远程环境监测。一个传感器网络包含不同类型的传感器装置,并且以自组织网状网络的方式连接这些传感器。网络间的数据传递是基于多跳协议的(multi-hop protocol),这个协议意味着网络中的单个传感器节点仅仅与相邻节点通信,而数据将由通向目的地的路径上的节点中继。大部分的无线传感器网络协议支持设备在空闲时休眠、以低功率为特征、低数据率的无线传输,这样就有可能设计出简单、低成本、节能的传感器网络节点。由于纯无线和自组织网络的架构,传感器网络能够以一个可接受的成本适应临时的、快速的和大量的实现。

已经有一些针对未遂事件自动实时监控系统的每一个数据需求的技术,但是如果仅仅简单地通过软件(或者管理上的合作)将这些技术集成起来,成为一个传统的系统,则意味着以类似的通信结构同时运行 2～3 个不同的系统(传感器、被动式无线射频识别等)。这些重复的运行无疑导致了硬件上的高成本,并且降低了系统的灵活性。对于最终的系统设计,使用 Zigbee 协议下的射频识别无线传感器网络(Zigbee enabled RFID System[①])可能是一个理想的解决方案,能够将所有的系统集成到一个带有额外特征的统一的基础。

在这个集成的系统结构中,除了被动式 RFID 标签与它们的阅读器之间的通信,网络中的所有通信都由 Zigbee 协议支持。被动式 RFID 标签与它们的阅读器之间的通信将遵守标准的 ISO 或者 EPC 的被动式 RFID 标准。UWB 收发器被集成在 Zigbee 的终端装置和 Zigbee 路由上担当主动的信标。UWB 收发器与 Zigbee 终端装置集成在一起,在测距结果的基础上计算出自己的相对位置后向服务器传递它们的位置。需要控制其进出的大型设备,将携带与 Zigbee 终端设备连接的被动式 RFID 阅读器。Zigbee 激活的被动式 RFID 阅读器(Zigbee enabled passive RFID)也能够从传感器网络协议中受益,通过其他的 Zigbee 激活的阅读器和使用多跳协议的路由设备与本地服务器连接。

6.3.2 相关硬件的采用

在硬件的使用上,可以采用 Jennic JN5139 Zigbee 微控制器作为基本的传感器网络节点。这种微控制器完全支持 Zigbee 网络协议,能够进行编程,成为 Zigbee 协调器、路由和终端装置等三种 Zigbee 装置中的一种。与 JN5139 一起提供的每一个开发工具板装配有光照、噪声、温度和湿度的传感器。此外还有带着黑白屏的、能显示信息的板。4 个按钮能够用来编程,这样使用者能够对装置进行简单的输入。

对被动式 RFID 的集成,选择 Skytek M9 UHF 被动式 RFID 阅读器模块,它的特征是多频段标签阅读(能阅读 EU 和 US 标准的 EPC GEN 2 标签)和供集成的标准串口。JN5319 微控制器与 M9 阅读器通过 UART 接口以标准的 RS-232 通信协议通信。以这种结构开发的 RFID 阅读器的试验传感器网络节点的实物如图 6.3 所示。

---

① Zigbee enabled RFID System 这个概念是首先由 Yang 等学者在 2007 年提出的,详见参考文献[144]和[151]。

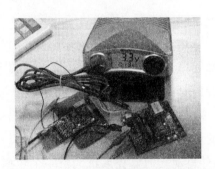

图 6.3　RFID 阅读器和 Jennic 传感器板

以这种设计，能够在 Zigbee 网络中的远程服务器上阅读测试标签（868 MHz EPC GEN 2 标签）。JN5139 传感网络节点如图 6.4 所示。

图 6.4　JN5139 传感器节点

6.4　可获得的实时信息的实用性及有效性分析

6.4.1　调查问卷的结构

通过电子邮件对英国 241 家建筑公司的安全负责人和安全顾问发放了调查问卷。列出了 20 个项目来检验他们是否认为实时监控子系统所提供的实时信息对提高施工现场的安全绩效有作用。问卷设计中涉及的 20 个项目及其编号如表 6.4 所示。

表 6.4　问卷的项目

实时监控系统可能提供的实时信息	编码
工人在施工现场的实时位置	RI1
设备在施工现场的实时位置	RI2
重大危险源在建设现场的实时位置（例如，临时的孔洞等）	RI3
实时的工人和设备的相对位置	RI4
实时的工人和重大危险源的相对位置	RI5
设备和重大危险源的相对位置	RI6
在施工现场大门处工人的进入控制	RI7

实时监控系统可能提供的实时信息	编码
在施工现场大门处设备的进入控制	RI8
某些设备上操作权的控制(有资格工人的操作控制)	RI9
在重要材料(如危险性材料)仓库门口处工人的进入控制	RI10
设备上次使用时间、检测时间和失效时间的实时记录信息	RI11
工人的工种、培训记录和工作经验的实时记录信息	RI12
工人的证书及失效时间的实时信息	RI13
危险性较大的工作程序的简明信息提醒	RI14
工人周围的噪声程度	RI15
工人周围的光照程度	RI16
工人周围的温度	RI17
工人周围的湿度	RI18
设备周围的噪声程度	RI19
设备周围的光照程度	RI20

6.4.2　调查问卷的结果

总共收回 43 份调查问卷的回复(39 份通过 E-mail 形式,4 份通过邮件形式),问卷回收率约为 18%。在返回问卷的参与者当中,41 人(95%)是安全负责人或者安全顾问,另外 2 人曾经是安全负责人或者安全顾问。35 人(81%)在英国施工现场工作超过 11 年,5 人(12%)为 6～10 年,只有 3 人(7%)为 2～5 年。29(67%)人拥有大学学历,16(33%)人拥有"接受进一步教育获得的证书"。考虑到问卷调查的对象都是各个建筑公司的安全负责人或者安全顾问,参与调查问卷的被调查者多数具有本科及以上学历,并且多数被调查者都具有 5 年以上的英国施工现场的工作经验,返回问卷的质量和数量可以达到预先设计问卷的目标。统计结果如表 6.5 所示。

表 6.5　问卷的统计结果

	非常有用 VU(%)	有些作用 SU(%)	用处不大 LU(%)	没任何作用 NU(%)	正面评价 (%)	反面评价 (%)
RI1	93.0	4.7	2.3	0	97.7	2.3
RI2	93.0	2.3	2.3	2.3	95.3	4.7
RI3	83.7	2.3	9.3	4.7	86.0	14.0
RI4	86.0	7.0	4.7	2.3	93.0	7.0

	非常有用 VU(%)	有些作用 SU(%)	用处不大 LU(%)	没任何作用 NU(%)	正面评价 (%)	反面评价 (%)
RI5	81.4	4.7	7.0	7.0	86.0	14.0
RI6	83.7	7.0	7.0	2.3	90.7	9.3
RI7	86.0	7.0	7.0	0	93.0	7.0
RI8	88.4	2.3	7.0	2.3	90.7	9.3
RI9	86.0	7.0	2.3	4.7	93.0	7.0
RI10	83.7	11.6	0	4.7	95.3	4.7
RI11	90.7	2.3	0	7.0	93.0	7.0
RI12	79.1	9.3	9.3	2.3	88.4	11.6
RI13	83.7	2.3	11.6	2.3	86.0	14.0
RI14	86.0	0	9.3	4.7	86.0	14.0
RI15	83.7	4.7	9.3	2.3	88.4	11.6
RI16	74.4	9.3	14.0	2.3	83.7	16.3
RI17	48.8	11.6	16.3	23.3	60.5	39.5
RI18	53.5	11.6	11.6	23.3	65.1	34.9
RI19	81.4	7.0	11.6	0	88.4	11.6
RI20	79.1	4.7	9.3	7.0	83.7	16.3

说明:正面评价＝VU＋SU;反面评价＝LU＋NU。

从问卷的调查结果可以看出,绝大多数的安全负责人和安全顾问对实时监控子系统所提供的前馈信号的实时信息都给出了非常积极的评价,正面评价的比例要远远高于反面评价的比例。

6.5 被调查的安全负责人及安全顾问的内部一致性测度

6.5.1 模型的选用

因为此调查问卷也具有 20 个问题,每个问题也都有 43 个评分人,而且每个问题都有 4 个选项,也属于"多个选项,多个评分人"的情况。同时,为了体现出"距离远的两个选项的差异性要比距离近的两个选项的差异性要大"的情况,本书也选用基于权重 Kappa 统计值的"多个选项,多个评分人"的情况来计算 Kappa 值,以衡量被调查的安全负责人及安全顾问的意见一致性,评价以上问卷的结果是否是由于偶然性造成的。同时,为了避免 Kappa 统计值固有的缺陷,仍然采用"非常有用"和"有些作用"为"正面评价";"用处不大"和"没有任何作用"为"反面评价"的处理方式,用以计算正面一致性指标(p_{pos})和反面一致性指标(p_{neg}),作为 Kappa 统计值的补充。

6.5.2 权重的赋值

按照式(3.6)对不同对比选项组赋以的权重如表 6.6 所示。

表 6.6 权重 Kappa 统计值中赋的权重

	VU	SU	LU	NU
VU	1.000	0.889	0.556	0.000
SU	0.889	1.000	0.889	0.556
LU	0.556	0.889	1.000	0.889
NU	0.000	0.556	0.889	1.000

注明:VU=非常有用;SU=有些作用;LU=用处不大;NU=没有任何作用。

6.5.3 权重 Kappa 的计算

如果让 w_{ij} 表示权重的话,根据式(3.7),表面一致性的计算如式(6.1)所示,数据采用表6.7 和表 6.8 中所列的数据作为示例。

$$p_{q-o}(w) = \sum_{i=1}^{k} \sum_{j=1}^{k} w_{ij} p_{ij} = 0.961 \tag{6.1}$$

表 6.7 两个问卷评价人的评分情况

评价人 2	评价人 1				总数
	VU	SU	LU	NU	
VU	5	0	1	0	6
SU	1	7	0	0	8
LU	0	1	4	0	5
NU	0	0	1	0	1
总数	6	8	6	0	20

注明:1. VU=非常有用;SU=有些作用;LU=用处不大;NU=没有任何作用。

2. 表 6.8 的数据由表 6.7 中数据除以总数转化而来。

表 6.8　两个问卷评价人的评分情况

评价人 2	评价人 1				总数($p_{i.}$)
	VU	SU	LU	NU	
VU	0.25	0.00	0.05	0	0.30
SU	0.05	0.35	0	0	0.40
LU	0.00	0.05	0.20	0	0.25
NU	0.00	0	0.05	0	0.05
总数($p_{.j}$)	0.30	0.40	0.30	0	1

注明：1. VS=非常重要；SS=一般重要；LS=一般不重要；NS=不重要。

2. 表 6.8 的数据由表 6.7 中数据除以总数转化而来。

根据式(3.8)，由于偶然性导致的内部一致性 $p_{q-o}(w)$ 为：

$$p_{q-e}(w) = \sum_{i=1}^{k} \sum_{j=1}^{k} w_{ij} p_{i.} p_{.j} = 0.850 \tag{6.2}$$

则根据式(3.9)，权重 Kappa 统计值 $\kappa_q(w)$ 为：

$$\kappa_q(w) = \frac{p_{q-o}(w) - p_{q-e}(w)}{1 - p_{q-e}(w)} = 0.592 \tag{6.3}$$

为了检验"潜在的权重 Kappa 值是否为 0"的假设，定义 $\overline{w_{i.}}$ 和 $\overline{w_{.j}}$ 如下：

$$\begin{cases} \overline{w_{i.}} = \sum_{j=1}^{k} p_{.j} w_{ij} \\ \overline{w_{.j}} = \sum_{i=1}^{k} p_{i.} w_{ij} \end{cases} \tag{6.4}$$

那么，根据式(3-10)，估计 $\kappa_q(w)$ 的标准差为：

$$se_0[\kappa_q(w)] = \frac{1}{[1 - p_{q-e}(w)]\sqrt{n}} \sqrt{\sum_{i=1}^{k} \sum_{j=1}^{k} p_{i.} p_{.j} \cdot [w_{ij} - (\overline{w_{i.}} + \overline{w_{.j}})]^2 - p_{q-e}^2(w)} = 0.222 \tag{6.5}$$

根据式(3.11)，用于 z 检验的统治值为：

$$z = \frac{\kappa_q(w)}{se_0[\kappa_q(w)]} = 3.334 \tag{6.6}$$

将 2.686 和正态分布表的值进行比较，在 $p<0.01$ 的情况下，拒绝原假设，即潜在的权重 Kappa 值不为 0。

在计算了全部可能的权重 Kappa 以后，根据式(3.12)，则最终的平均权重 Kappa 统计

值 $\kappa_{ave}(w)$ 为：

$$\kappa_{ave}(w) = \frac{1}{903}\sum_{q=1}^{903}\kappa_q(w) = 0.613 \tag{6.7}$$

对应于表 3.2 中的指导性标准，0.613 表示本质的一致性。

为了计算正面一致性指标（$p_{q\text{-pos}}$）和反面一致性指标（$p_{q\text{-neg}}$），以作为 Kappa 统计值的补充，表 6.9 示意了正面评价和反面评价的判断矩阵。

表 6.9　正面评价和反面评价的判断矩阵

评价人 2	评价人 1		总共
	正面评价	反面评价	
正面评价	13	1	14
反面评价	1	5	6
总共	14	6	20

说明：表 6.9 中的数据得自于表 6.7。

从而，根据式（3.4）和式（3.5），正面一致性指标（$p_{q\text{-pos}}$）和反面一致性指标（$p_{q\text{-neg}}$）的计算如下：

$$\begin{cases} p_{q\text{-pos}} = \dfrac{13+13}{14+14} = 0.929 \\ p_{q\text{-neg}} = \dfrac{5+5}{6+6} = 0.833 \end{cases} \tag{6.8}$$

在计算了全部可能的正面一致性指标 $p_{q\text{-pos}}$ 和反面一致性指标 $p_{q\text{-neg}}$ 以后，则最终的平均正面一致性指标 $p_{ave\text{-pos}}$ 和平均反面一致性指标 $p_{ave\text{-neg}}$ 为：

$$\begin{cases} p_{ave\text{-pos}} = \dfrac{1}{903}\sum_{q=1}^{903} p_{q\text{-pos}} = 0.912 \\ p_{ave\text{-neg}} = \dfrac{1}{903}\sum_{q=1}^{903} p_{q\text{-neg}} = 0.726 \end{cases} \tag{6.9}$$

因此，最终的平均权重 Kappa 值（0.613）表明了安全负责人和安全顾问间的内部一致性程度为"本质的"。而且，从最终的平均正面一致性指标（0.912）和最终的平均反面一致性指标（0.726）来看，平均正面一致性指标要高于平均反面一致性指标。

为了显示整个计算过程中相关指标的变化情况，表 6.10 显示了随机抽取的 30 对比较评价人的表面一致性指标 $p_{q\text{-o}}(w)$，正面一致性指标 $p_{q\text{-pos}}$，反面一致性指标 $p_{q\text{-neg}}$，由偶然性造成的一致性指标 $p_{q\text{-e}}(w)$，权重 Kappa 统计值 $\kappa_q(w)$），标准差 $se_0[\kappa_q(w)]$ 和 Z 检验值，从中可以看出相应数据的变化情况。

表 6.10 随机抽取的 30 对比较评价人的相关指标

	1	2	3	4	5	6	7	8	9	10
$p_{\text{q-o}}(w)$	0.956	0.950	0.956	0.961	0.933	0.978	0.950	0.933	0.972	0.900
$p_{\text{q-pos}}$	0.919	0.914	0.867	0.941	0.914	1.000	0.914	0.914	0.974	0.824
$p_{\text{q-neg}}$	0.000	0.400	0.600	0.667	0.400	1.000	0.400	0.400	0.000	0.000
$p_{\text{q-e}}(w)$	0.909	0.882	0.856	0.878	0.881	0.927	0.882	0.881	0.943	0.856
$\kappa_{\text{q}}(w)$	0.509	0.575	0.692	0.682	0.442	0.695	0.575	0.442	0.510	0.308
se_0	0.210	0.189	0.208	0.198	0.182	0.224	0.189	0.182	0.201	0.122
z	2.424	3.052	3.326	3.442	2.421	3.107	3.052	2.421	2.540	2.520
	11	12	13	14	15	16	17	18	19	20
$p_{\text{q-o}}(w)$	0.939	0.933	0.939	0.956	0.861	0.939	0.967	0.961	0.939	0.900
$p_{\text{q-pos}}$	0.813	0.828	0.867	0.875	0.824	0.875	0.968	0.941	0.889	0.824
$p_{\text{q-neg}}$	0.250	0.545	0.600	0.500	0.000	0.500	0.889	0.667	0.000	0.000
$p_{\text{q-e}}(w)$	0.861	0.844	0.872	0.875	0.831	0.871	0.879	0.878	0.884	0.856
$\kappa_{\text{q}}(w)$	0.560	0.571	0.522	0.644	0.178	0.526	0.724	0.682	0.471	0.308
se_0	0.185	0.208	0.219	0.221	0.117	0.219	0.222	0.198	0.143	0.122
z	3.021	2.741	2.385	2.912	1.524	2.405	3.266	3.442	3.292	2.520
	21	22	23	24	25	26	27	28	29	30
$p_{\text{q-o}}(w)$	0.933	0.939	0.961	0.917	0.956	0.972	0.961	0.883	0.928	0.956
$p_{\text{q-pos}}$	0.889	0.947	0.968	0.889	0.867	0.974	0.929	0.848	0.788	0.857
$p_{\text{q-neg}}$	0.000	0.000	0.889	0.000	0.600	0.000	0.833	0.286	0.000	0.000
$p_{\text{q-e}}(w)$	0.891	0.919	0.860	0.889	0.856	0.943	0.850	0.850	0.869	0.880
$\kappa_{\text{q}}(w)$	0.388	0.247	0.722	0.250	0.692	0.510	0.741	0.222	0.449	0.630
se_0	0.163	0.164	0.217	0.157	0.208	0.201	0.222	0.147	0.214	0.160
z	2.374	1.504	3.325	1.592	3.326	2.540	3.339	1.513	2.102	3.938

从表 6.10 中可以看出,大部分的反面一致性指标要低于正面一致性指标。

6.6 本章小结

针对现有研究的不足,本章通过分析自动获取数据的需求,研究了基于 Zigbee 协议的射频识别无线传感器网络(Zigbee enabled RFID System)的使用性能和达到这些要求的可行性,来填补这方面研究的空缺。首先,在大量案例分析的基础上(7 组高空摔落类事故、4 组撞击类事故、5 组电击类事故和 5 组陷入/陷进类事故),总结出自动获取数据的需求主要由位置类、身份类和环境类的实时信息组成。

其次,为了满足这三类数据需求,并为系统集成提供解决方案,本章设计了基于 Zigbee enabled RFID System 的系统结构,能够将所有的系统集成到一个带有额外特征的统一的基础。在这个集成的系统结构中,除了被动式 RFID 标签与它们的阅读器之间的通信,网络中的所有通信都由 Zigbee 协议支持。被动式 RFID 标签与它们的阅读器之间的通信将遵守标准的 ISO 或者 EPC 的被动式 RFID 标准。UWB 收发器与 Zigbee 终端装置集成在一起,在测距结果的基础上计算出自己的相对位置后向服务器传递他们的位置。需要控制其进出的大型设备,将携带与 Zigbee 终端设备连接的被动式 RFID 阅读器。Zigbee 激活的被动式 RFID 阅读器也能够从传感器网络协议中受益,通过其他的 Zigbee 激活的阅读器和使用多跳协议的路由设备与本地服务器连接。进而,讨论了该系统中相关硬件的采用。

再次,从问卷的结果来看,绝大多数的安全负责人和安全顾问对实时监控子系统所提供的实时信息都给出了非常积极的评价,正面评价的比例要远远高于反面评价的比例。最后,"多个项目,多个评分人"的权重 Kappa 统计量,被用来评价问卷调查的结果是不是存在部分或完全的偶然性,用来评价评分者之间达成的一致性是否仅仅是又有偶然性造成的。最终的平均权重 Kappa 值(0.613)表明了安全负责人和安全顾问间的内部一致性程度为"本质的"。而且,从最终的平均正面一致性指标(0.912)和最终的平均反面一致性指标(0.726)来看,平均正面一致性指标要高于平均反面一致性指标。

7 结论与展望

7.1 主要结论

（1）通过详细的文献综述，本书分析了国内外安全风险的研究现状，并且借鉴了天气预报和地震预报的研究思路，指出研究不足在于：就目前的安全管理系统而言，缺乏一个能够及时、有效地阻止即时因素，从而阻止事故发生的机制；就基于安全危险源进行的预测而言，对施工现场安全危险源的前馈信号的研究不够重视；目前对安全风险的预测精度远远没有达到令人满意的程度，离实时预测的要求还有很大差距。

（2）针对现有研究及实践中提高安全绩效的不足，本书分析了施工现场的前馈信号及未遂事件对提高安全绩效的重要意义，并在此基础上，构建了完整的施工现场安全管理系统。经过完善和改进后的安全管理系统由三个子系统构成：实时监控子系统、常规的持续改进子系统和未遂事件报告子系统。进而，本书阐述了各个子系统的功能、目标以及各个子系统之间的关系。

（3）建立了施工现场前馈信号及未遂事件（PaICFs）调查模型，其主要目标是从安全事故历史记录中寻找 PaICFs。同时，PaICFs 调查模型也可以用于从未遂事件报告子系统中获得前馈信号，以对 PaICFs 数据库进行补充。在英国 HSE 施工现场安全事故调查结果的基础上，对如何使用 PaICFs 调查模型从安全事故历史记录中获得前馈信号进行了示例分析，并且简洁地说明了如何利用 PaICFs 调查模型分析可能的未遂事件。结果表明，利用 PaICFs 调查模型能够从一个历史事故记录中推断并得到多达四个或更多可能的前馈信号，能够部分地克服建筑业安全事故历史记录缺乏的问题，对提高施工现场的安全绩效具有重要意义。

（4）利用美国 OSHA 提供的案例和英国 HSE 的案例进行了详细的案例分析，选择"从脚手架摔落"的安全事故作为研究对象，得到了 20 个可能的前馈信号，进一步验证了 PaICFs 模型的效果。同时，在详细比较了原因类似，但场景完全不同的两组英美案例的基础上，初步研究了不同国家之间安全事故影响因素的共同性及差异性问题。初步比较和分析的结果表明，当从前馈信号层次的角度去分析施工现场的安全事故时，不同国家安全事故前馈信号的相同性要比差异性明显。

（5）为了验证采用 PaICFs 模型得到的前馈信号的可用性及有效性，设计了调查问卷，以获得英国施工现场安全负责人或者安全顾问对所获得前馈信号的认可程度。从问卷的统计结果上看,关于 PaICFs 模型得到的前馈信号的可用性及有效性,大部分安全负责人和安全顾问的正面评价显然要高于反面评价。同时,本书衡量了问卷参与者之间的内部一致性程度,使用"多个选项,多个评分人"的权重 Kappa 统计值来衡量问卷结果是否完全(或者部分)是由于偶然性造成的。最终的平均权重 Kappa 值(0.527)表明了安全负责人和安全顾问间的内部一致性程度为中等。而且,从最终的平均正面一致性指标(0.877)和最终的平均反面一致性指标(0.276)来看,平均正面一致性指标显著高于平均反面一致性指标,说明不一致性主要来源于反面评价。

(6) 针对建筑业施工现场前馈信号的特点,改进了传统的事故序列前馈信号模型。对传统事件树的改进之处主要体现在:将原有的安全系统改为前馈信号;用"发生"和"不发生"替代传统方法中的"成功"和"不成功";将初始事件的单一情况也改为两种情况,即发生和不发生。对风险计量方法的改进之处主要体现在:由于施工现场安全风险管理所关心的概率实际上是一个条件概率,即在某一个前馈信号(或者某几个前馈信号的组合)发生的情况下,可能导致安全事故的风险的情况,从而利用条件概率的公式建立了新的风险计算模型。进而,在改进事故序列前馈信号模型(MASP)的基础上,利用安全事故案例分析的结果,建立了施工现场安全风险前馈信号的事件树,计算了基于前馈信号的施工现场安全风险,说明了MASP 的计算过程和结果。最后,针对模型中涉及的不同因素,对 MASP 进行了敏感性分析。敏感性分析结果表明,AF_4,AF_5 和 AF_8 的变化和前馈信号安全风险平均值的变化成正向关系,而 AF_1,AF_2,AF_3,AF_6 和 AF_7 的变化和前馈信号安全风险平均值的变化成反向关系;MASP 模型对 AF_4,AF_5 和 AF_8 的敏感程度从大到小依次为:AF_8,AF_4 和 AF_5,而对 AF_1,AF_2,AF_3,AF_6 和 AF_7 的敏感程度从大到小依次为:AF_1,AF_6,AF_2,AF_7 和 AF_3。

(7) 建立了基于信号检测理论(SDT)的施工现场安全风险预测模型,并详细解释了四种判断概率的实际含义。在此基础上,建立并比较了不同准则下预警阈值的计算方法和使用条件,指出在目前的情况下使用奈曼-皮尔逊准则确定阈值是合适的。其次,对安全信号密度函数和危险信号密度函数的形式进行了假设,对参数进行了估计,并且对分布形式进行了假设检验。最后,利用示例数据,基于奈曼-皮尔逊准则计算了相应的预警阈值,得到了示例预警系统风险判断结果,并基于 SDT 方法对示例预警系统的敏感性和风险倾向进行了测度。结果表明,示例预警系统的敏感性较低,风险倾向属于保守型。

(8) 在大量案例分析的基础上(7 组高空摔落类事故、4 组撞击类事故、5 组电击类事故和 5 组陷入/陷进类事故),总结出施工现场实时监控子系统的自动获取数据的需求主要由位置类、身份类和环境类的实时信息组成。为了满足这三类数据需求,设计了基于 Zigbee 协议的射频识别无线传感器网络的系统结构。在这个集成的系统结构中,除了被动式 RFID 标签与它们的阅读器之间的通信,网络中的所有通信都由 Zigbee 协议支持。被动式 RFID 标签与它们的阅读器之间的通信将遵守标准的 ISO 或者 EPC 的被动式 RFID 标准。UWB 收发器与 Zigbee 终端装置集成在一起,在测距结果的基础上计算出自己的相对位置后向服务器传递他们的位置。需要控制其进出的大型设备,将携带与 Zigbee 终端设备连接的被动式 RFID 阅读器。Zigbee 激活的被动式 RFID 阅读器也能够从传感器网络协议中受益,通过其他的 Zigbee 激活的阅读器和使用多跳协议的路由设备与本地服务器连接。进而,讨论了该系统中相关硬件的采用。

(9) 向英国施工现场的安全负责人和安全顾问发放了调查问卷,目的是检验其是否认为实时监控子系统所提供的实时信息对提高施工现场的安全绩效有作用。从调查问卷的结果来看,绝大多数的安全负责人和安全顾问对实时监控子系统所提供的实时信息都给出了非常积极的评价,正面评价的比例要远远高于反面评价的比例。最后,"多个项目,多个评分人"的权重 Kappa 统计量的被用来评价问卷调查的结果是不是存在部分或完全的偶然性。最终的平均权重 Kappa 值(0.613)表明了安全负责人和安全顾问间的内部一致性程度为"本质的"。而且,从最终的平均正面一致性指标(0.912)和最终的平均反面一致性指标(0.726)来看,平均正面一致性指标要高于平均反面一致性指标。

7.2　创新点

(1) 建立了完整的施工现场安全管理系统,将研究的视角引入到对建筑业施工现场安全风险前馈信号的研究上,为进一步的研究打下了理论基础。

(2) 建立了施工现场前馈信号及未遂事件(PaICFs)调查模型,而且通过案例分析,验证了该模型从安全事故历史记录中获取前馈信号的有效性;进而,利用调查问卷进一步验证了使用 PaICFs 模型得到的前馈信号的可用性,并且基于"多个选项,多个评分人"的权重 Kappa 统计量的方法,衡量了问卷结果是否完全(或者部分)是由于偶然性造成的。

(3) 针对建筑业施工现场前馈信号的特点,改进了传统的事故序列前馈信号模型,并且利用改进后的事故序列前馈信号模型(MASP)计算了施工现场安全风险。同时,对 MASP 进行了敏感性分析,得到了 MASP 对不同参数的敏感性程度的排序。

(4) 基于信号检测理论(SDT)建立了施工现场安全风险预测系统,利用奈曼-皮尔逊准则确定了阈值的计算模型,进而,利用 SDT 理论建立了定量化测度施工现场安全风险预警系统的敏感性和风险倾向的模型。

(5) 在大量案例分析的基础上,系统分析了施工现场实时监控子系统的自动获取数据的需求,设计了基于 Zigbee 协议的射频识别无线传感器网络的系统结构,讨论了该系统中相关硬件的采用,解释并示意了在实际的施工现场中如何实施这个系统。

7.3　研究不足及研究展望

对施工现场安全风险前馈信号研究是一个新课题,在本书的基础上,进一步研究的方向包括:

（1）对施工现场安全风险前馈信号内涵进行更加深入的解释。根据研究的需要，本书采用了前馈信号狭义的理解，重新定义了前馈信号和未遂事件的关系。但从广义的前馈信号的概念来看，未遂事件只是前馈信号的一种重要形式，从理论的高度对前馈信号的概念进行更加深入的解释可以为进一步的研究打下更坚实的基础。

（2）如何从施工现场安全事故的历史记录分析出更多的前馈信号。本书提出的 PaICFs 调查模型提供了一种可能的从历史记录分析前馈信号的方法，但考虑到 PaICFs 是实时监控子系统的起点，其他的更加方便、快捷、有效地获取前馈信号的方法值得深入研究。

（3）关于不同国家之间事故原因的差异性及相同性的研究。本书在初步案例分析的基础上，提出了一个观点，即认为当从前馈信号层次的角度去分析施工现场的安全事故时，不同国家安全事故前馈信号的相同性要比差异性明显。但是从根本影响因素的层面去分析的时候，差异性显然高于相同性。系统化地研究不同国家之间安全事故的差异性及相同性问题，是一个非常值得研究的课题。

（4）利用实际工程的现场数据去验证 MASP 模型和 SDT 的使用。本书提出的 MASP 方法不仅需要历史数据，而且需要前馈信号的观测数据。因为本书的重点是对风险计量方法的研究，因此在需要实际观测数据的时候，采用的是假设数据，以说明方法的使用和计算过程。利用实际工程的数据去验证 MASP 模型的使用是进一步研究中需要考虑的问题。

（5）使用硬件实现本书所设计的 Zigbee 协议的射频识别无线传感器网络。本书设计了实现实时监控的系统结构，并讨论了硬件的采用及实际执行情况，说明了实现这样一个系统是完全可行的。如何在实际中实现这个系统，并且在施工现场进行应用将是一个重要的应用研究方向。

参考文献

［1］Fang D P，Xie F，Huang X Y，et al. Factor analysis-based studies on construction workplace safety management in China ［J］. International Journal of Project Management，2004，22，43－49

［2］Abdelhamid T S，Everett J G. Identifying Root Causes of Construction Accidents ［J］. Journal of Construction Engineering and Management，Vol. 126，2000，No. 1，January/February，52－60

［3］张守健. 工程建设安全生产行为研究［D］. 同济大学，2006

［4］Carter G，Smith S D. Safety Hazard Identification on Construction Projects ［J］. Journal of Construction Engineering and Management，Vol. 132，No 2，2006，February 1，197－205

［5］Sawacha E，Naoum S，Fong D. Factors affecting safety performance on construction sites ［J］. International Journal of Project Management，Vol. 17，No 5，1999，309－315

［6］Fang D P，Huang X Y，Hinze J. Benchmarking Studies on Construction Safety Management in China ［J］. Journal of Construction Engineering and Management，Vol. 130，No 3，2004，June 1，424－431

［7］方东平，黄新宇，李晓东，等.建筑业安全事故经济损失研究［J］. 建筑经济，2000，3：13－16

［8］Haupt T C. A Study of management attitudes to a performance approach to construction worker safety ［J］. Journal of Construction Research，Vol. 4，2003，No. 1，87－100

［9］Hinze J，Pedersen C，Fredley J. Identifying root causes of construction injuries ［J］. Journal of Construction Engineering and Management，1998，Vol. 124，No 1，January/February，67－71

［10］Schmidt J R. Quantifying the impact of construction accidents using predictive models ［D］. State University of New York at Buffalo，1997

［11］Phimister J R，Bier V M，Kunreuther（Eds）. Accident Precursor Analysis and Management：Reducing Technological Risk through Diligence ［M］. National Academy

Press，Washington，D C，2004

［12］ Heinrich H W. Industrial accident prevention ［M］. McGraw-Hill New York，1959

［13］ Rigby L V. The nature of human error// Proc，Annu. Tech. Conf. Trans. of the Am. Soc. for Quality Control［C］，1970，475－566

［14］ Sawacha E，Naoum S，Fong D. Factors affecting safety performance on construction sites ［J］. International Journal of Project Management，1999，Vol. 17，No 5，309－315

［15］ Hinze J，Gambatese J. Factors That Influence Safety Performance of Specialty Contractors ［J］. Journal of Construction Engineering and Management，2003，Vol. 129，No 2，April 1，159－164

［16］ Teo E A L，Ling F Y Y，Chong A F W. Framework for project managers to manage construction safety ［J］. International Journal of Project Management，2005，23，329－341

［17］ Yi K J，Langford D. Scheduling-Based Risk Estimation and Safety Planning for Construction Projects ［J］. Journal of Construction Engineering and Management，2006，Vol. 132，No 6，June 1，626－635

［18］ Jannadi M O. Impact of human relations on the safety of construction workers ［J］. International Journal of Project Management，1995，Vol. 13，No 6，383－386

［19］ Hinze J，Bren D. Analysis of Fatalities and Injuries Due to Powerline Contacts ［J］. Journal of Construction Engineering and Management，1996，Vol. 122，No 2，June，177－182

［20］ Hinze J，Huang X Y，Terry L. The Nature of Struck-by Accidents ［J］. Journal of Construction Engineering and Management，2005，Vol. 131，No 2，February 1，262－268

［21］ Perttula P，Korhonen P，Lehtelä J，et al. Improving the Safety and Efficiency of Materials Transfer at a Construction Site by Using an Elevator ［J］. Journal of Construction Engineering and Management，2006，Vol. 132，No 8，August 1，836－843

［22］杨德钦. 基于工效学的施工危险源识别模型［J］. 建筑经济，2006(9)：37－39

［23］姚庆国，黄渝祥. 从社会变革看我国事故频发的管理根源——价值缺陷导致的管理失灵分析［J］. 中国安全科学学报，2005(6)：40－51

［24］陈强，陈桂香，尤建新. 对地下空间灾害管理问题的探讨［J］. 地下空间与工程学报，2006(2)：52－56

［25］周直，於永和，傅华. 建设项目基本风险空间研究［J］. 重庆交通学院学报，1997，(9)：84－88

[26] 黄宏伟. 隧道及地下工程建设中的风险管理研究进展[J]. 地下空间与工程学报，2006(2)：13 - 20

[27] 赵挺生，卢学伟，方东平. 建筑施工伤害事故诱因调查统计分析[J]. 施工技术，2003，32(12)：54 - 55

[28] 丁传波，黄吉欣，方东平. 我国建筑施工伤亡事故的致因分析和对策[J]. 土木工程学报，2004，37(8)：77 - 83

[29] 强茂山，方东平，肖红萍，等. 建设工程项目的安全投入与绩效研究[J]. 土木工程学报，2004，37(11)：101 - 107

[30] 方东平，张剑，黄吉欣. 建筑安全管理的目标和手段[J]. 清华大学学报（哲学社会科学版），2005，20(1)：86 - 90

[31] 袁海林. 建筑安全的管理和控制研究[D]. 西安建筑科技大学，2007

[32] Chua D K H, Goh Y M. Incident Causation Model for Improving Feedback of Safety Knowledge [J]. Journal of Construction Engineering and Management，2004，Vol. 130，No 4，August 1，542 - 551

[33] Hadikusumo B H W, Rowlinson S. Capturing Safety Knowledge Using Design-for-Safety-Process Tool [J]. Journal of Construction Engineering and Management，Vol. 130，No 2，2004，April 1

[34] Mohamed S. Safety Climate in Construction Site Environments [J]. Journal of Construction Engineering and Management，2002，Vol. 128，No 5，October 1

[35] Fung I W H, Tam C M, Tung K C F, et al. Safety cultural divergences among management, supervisory and worker groups in Hong Kong construction industry [J]. International Journal of Project Management，2005，23，504 - 512

[36] Fang D P, Chen Y, Wong L. Safety Climate in Construction Industry：A Case Study in Hong Kong [J]. Journal of Construction Engineering and Management，2006，Vol. 132，No 6，June 1，573 - 584

[37] 方东平，陈扬. 建筑业安全文化的内涵表现评价与建设[J]. 建筑经济，2005(2)：41 - 45

[38] 黄吉欣，方东平，何伟荣. 对建筑业安全文化的再思考[J]. 中国安全科学学报，2006，16(8)：78 - 82

[39] 章鑫，黄贻平，方东平. 业主对工程项目安全绩效影响的定量研究[J]. 土木工程学报，2006，39(3)：123 - 128

[40] Kartam N A. Integrating safety and health performance into construction CPM [J]. Journal of Construction Engineering and Management，1997，Vol. 123，No 2，June

[41] Gibb A G F. Design for Safety and Health//Proc，ECI/CIB/HSE Int. Conf[C]，London，European Construction Institute，Loughborough，U K，2000

［42］Gambatese J A. Safety in a designer's hands ［J］. Civil Engrg, 2000, June, 56 – 59

［43］Baxendale T, Jones O. Construction design and management safety regulations in practice-progress on implementation ［J］. International Journal of Project Management, 2000, 18, 33 – 40

［44］Elbeltagi E, Hegazy T, Eldosouky A. Dynamic Layout of Construction Temporary Facilities Considering Safety ［J］. Journal of Construction Engineering and Management, 2004, Vol. 130, No 4, August 1

［45］Weinstein M, Gambatese J, Hecker S. Can Design Improve Construction Safety: Assessing the Impact of a Collaborative Safety-in-Design Process ［J］. Journal of Construction Engineering and Management, 2005, Vol. 131, No 10, October 1

［46］Gambatese J A, Behm M, Hinze J W. Viability of Designing for Construction Worker Safety ［J］. Journal of Construction Engineering and Management, 2005, Vol. 131, No 9, September 1, 1029 – 1036

［47］李引擎. 城市建筑的防火安全设计与管理［J］. 科技导报,2000(6):46 – 48

［48］张仕廉,潘承仕. 建设项目设计阶段安全设计与施工安全研究［J］. 建筑经济, 2006(1)：77 – 80

［49］Bentil K K. A model approach for predicting commercial construction site accidents ［D］. University of Florida, 1990

［50］Janicak C A. The Three Factor Accident Prediction Inventory ［D］. Loyola University of Chicago, 1993

［51］Gillen M E. Nonfatal falls in construction workers: Predictors of injury severity ［D］. University of California, San Francisco, 1996

［52］Quintana R, Camet M, Deliwala B. Application of a predictive safety model in a combustion testing environment ［J］. Safety Science, 2001, 38, 183 – 209

［53］McConnell C W. Predictors of work injuries: A quantitative exploration of level of English proficiency as a predictor of work injuries in the construction industry ［D］. Colorado State University, 2004

［54］田元福. 建筑安全控制及其应用研究［D］. 西安:西安建筑科技大学, 2005

［55］Chi C F, Chang T C, Ting H I. Accident patterns and prevention measures for fatal occupational falls in the construction industry ［J］. Applied Ergonomics, 2005, 36: 391 – 400

［56］Aneziris O N, Papazoglou I A, Baksteen H, et al. Quantified risk assessment for fall from height ［J］. Safety Science, 2008, 46: 198 – 220

［57］Suraji A, Duff A R. Identifying Root Causes of Construction Accidents:

Comments [J]. Journal of Construction Engineering and Management, 2001, July/August, 348 – 349

[58] Gibb A, Haslam R, Gyi D, et al. What causes accidents//Proceedings of the Institution of Civil Engineers[C], 2006, 159 (2): 46 – 50

[59] Haslam R A, Hide S A, Gibb A G F, et al. Contributing factors in construction accidents [D]. Applied Ergonomics, 2005 (36): 401 – 415

[60] Chinda T, Mohamed S. Structural equation model of construction safety culture [D]. Engineering, Construction and Architectural Management, 2008, 15 (2): 114 – 131

[61] Reason J T. Human error [M]. Cambridge University Press, New York, 1990

[62] Toole T M. Construction Site Safety Roles [J]. Journal of Construction Engineering and Management, 2002, 128(3)

[63] Tazieff H. Earthquake Prediction [M]. Hachette: Paris, France, 1992

[64] Mulargia F, Geller R J. Earthquake Science and Seismic Risk Reduction [M]. Kouwer Academic Publishers: Dordrecht, Boston, London, 2003

[65] Petterssen S. Weather analysis and forecasting [M]. Mcgraw-will book company, INC: New York, Toronto, London, 1956

[66] Fishman J, Kalish R. The weather revolution-innovations and imminent breakthroughs in accurate forecasting [M]. Plenum Press: New York, London, 1994

[67] Gibb A, Hide S, Haslam R, et al. Identifying Root Causes of Construction Accidents: Comments [J]. Journal of Construction Engineering and Management, 2001, July/August, 348

[68] Cooper J. Portray information about sources of data in probabilistic analyses//Proc. of the 1998 ASME/JSME Joint Pressure Vessels and Piping Conference[C], 1998 (378): 26 – 30

[69] Heinrich H W, Petersen D, Roos N. Industrial Accident Prevention: A Safety Management Approach [M]. McGraw-Hill, Inc, New York, 1980

[70] HSE. Causal factors in construction factors [M]. HSE book, Norwich, 2003

[71] 曹汉斌. 浅谈建筑安全事故原因及防范措施[J]. 建材与装饰,2008(5):447 – 448

[72] Bird F. Management Guide to Loss Control [M]. Institute Press, Atlanta, 1974

[73] Morrison L M. Best practices in incident investigation in the chemical process industries with examples from the industry sector and specifically from Nova Chemicals [J]. Journal of Hazardous Materials, 2004 (111): 161 – 166

[74] Meel A, Neill L M O, Levina J H, et al. Operational risk assessment of chemical industries by exploiting accident database [J]. Journal of Loss Prevention in the Process Industries, 2007 (20): 113 – 127

[75] Phimister J R, Bier V M, Kunreuther (Eds). Accident Precursor Analysis and Management: Reducing Technological Risk through Diligence [M]. National Academy Press, Washington, DC, 2004

[76] Bier V M, Yi W. The performance of precursor-based estimators for rare event frequencies [J]. Reliability Engineering and System Safety, 1995 (50): 241 – 251

[77] Sonnemans P J M, Korvers P M W. Accidents in the chemical industry: are they foreseeable [J]. Journal of Loss Prevention in the Process Industries, 2006 (19): 1 – 12.

[78] Schaaf V D, Lucas D A, Hale A R (Eds). Near Miss Reporting as a Safety Tool [M]. Butterworth-Heineman, Oxford, 1991

[79] Bird F E, Germain G L. Practical Loss Control Leadership [M]. Revised ed. Calgary, Alberta: Det Norske Veritas, 1996

[80] Columbia Accident Investigation Board (CAIB). Columbia Accident Investigation Board Report [R]. Vol. 1, Washington, DC, National Aeronautics and Space Administration, 〈http://www. caib. us/news/report〉, 2003

[81] Vaughan D. The Challenger Launch Decision: Risky Technology Culture and Deviance at NASA [M]. University of Chicago Press, Chicago, 1996

[82] Babbie E. The Practice of Social Research [M]. 7th ed. Belmont: Wadsworth Publishing Company, 1995

[83] Bordens K S, Albott B B. Research Design and Method, a Process Approach, 2nd ed [M]. California: Mayfield Publishing Company, 1991

[84] 李怀祖. 管理研究方法论(第 2 版)[M]. 西安:西安交通大学出版社,2003

[85] Viera A J, Garrett J M. Understanding Inter-observer Agreement: The Kappa Statistic [J]. Family Medicine, 2005, 37(5): 360 – 363

[86] Vries H D, Elliott M N, Kanouse D E, et al. Using Pooled Kappa to Summarize Interrater Agreement across Many Items [J]. Field Methods, 2008, 20(3): 272 – 282

[87] Gambatese J A, Behm M, Rajendran S. Design's role in construction accident causality and prevention: Perspectives from an expert panel [J]. Safety Science, 2008 (46): 675 – 691

[88] Kundel H L, Polansky M. Measurement of observer agreement [J]. Radiology, 2003, 228: 303 – 308

[89] Fleiss J L, Levin B, Paik M C. Statistical Methods for Rates and Proportions (Third Edition) [M]. John Wiley & Sons, Inc. 2003

[90] Feinstein A, Cicchetti D. High agreement but low kappa [J]. I. The problem of two paradoxes. J Clin Epidemiol, 1990 (43):543 – 549

[91] Cicchetti D, Feinstein A. High agreement but low kappa [J]. II. Resolving the

paradoxes. J Clin Epidemiol, 1990 (43): 551 – 558

[92] Baradan S, Usmen M A. Comparative Injury and Fatality Risk Analysis of Building Trades [J]. Journal of Construction Engineering and Management, 2006, 132 (5): 533 – 539

[93] Solomon K A, Abraham S C. The index of harm: A useful measure for comparing occupational risk across industries [J]. Health Phys, 1980, 38 (3): 375 – 391

[94] National Institute for Occupational Safety and Health (NIOSH). Identifying high-risk small business industries: The basis for preventing occupational injury, illness and fatality [R]. NIOSH Special Hazard Review, Department of Health and Human Services/Centers for Disease Control and Prevention, 1999, 74 – 79

[95] Chamberlain S, Modarres M. Compressed natural gas bus safety: a quantitative risk assessment [J]. Risk Analysis, 2005, 25 (2): 377 – 387

[96] Ritwik U. Risk-based approach to near-miss [J]. Hydrocarbon processing, 2002 (10): 93 – 97

[97] Goossens L H J, Cooke R M. Applications of some risk assessment techniques: formal expert judgement and accident sequence precursors [J]. 1997, Safety Science, 26, 1/2: 35 – 47

[98] Cooke R M, Goossens L H J. The accident sequence precursor methodology for the European post-Seveso era [J]. Reliability Engineering and Systematic Safety, 1990 (27): 117 – 130

[99] Schay G. Introduction to probability with statistical applications [M]. Birkhauser, Boston, 2007

[100] Chiles J R. Inviting Disaster: Lessons from the Edge of Technology [M]. Harper Collins Press, New York, 2002

[101] Cullen W D. The Ladbroke Grove Rail Inquiry [M]. Her Majesty's Stationery Office Press, Norwich, 2000

[102] CSB (Chemical Safety Board). Investigation Report: Chemical Manufacturing Incident [M]. NTISPB2000-107721, Washington, D C: Chemical Safety Board, 2002

[103] Weick K E, Sutcliffe K M. Managing the Unexpected: Assuring High Performance in an Age of Complexity, Vol. 1 [M]. New York: John Wiley and Sons, 2001

[104] Grabowski M, Ayyalasomayajula P, Merrick J, et al. Accident precursors and safety nets: leading indicators of tanker operations safety [J]. Maritime Policy & Management, 2007, 34 (5): 405 – 425

[105] Wu W W, Lam P T I, Li Q M, et al. Tracking of safety hazards and real-time-prediction model of safety risks on construction sites [J]. Engineering Sciences, 2009 (8)

［106］赵树杰，赵建勋. 信号检测与估计理论［M］. 北京：清华大学出版社，2005

［107］Ramsay R J, Tubbs R M. Analysis of diagnostic tasks in accounting research using signals detection theory［J］. Behavior Research in Accounting, 2001 (17)：149 - 173

［108］Deshmukh A, Rajagopalan B. Performance analysis of filtering software using Signal Detection Theory［J］. Decision Support System, 2006 (42)：1015 - 1028

［109］Patel B J. Assessment of construction workers occupational safety competencies using signal detection theory［D］. Michigan State University, 2003

［110］Macmillan N A, Creelman C D. Triangles in ROC space：history and theory of "nonparametric" measures of sensitivity and response bias［J］. Psychonomic Bulletin and Review, 1996 (3)：164 - 170

［111］McNicol D. A primer of signal detection theory［M］. London：Allen & Unwin, 1972

［112］Metz C E, Pan X. "Proper" binormal ROC curves：Theory and Maximum-likelihood estimation［J］. Journal of Mathematical Psychology, 1999 (43)：1 - 33

［113］Swets J A. Signal detection theory and ROC analysis in psychology and diagnosis［M］. Mahwah, NJ：Erlbaum, 1996

［114］刘军，李光，陈裕泉. 用信号检测理论和泊松过程仿真感觉系统中随机共振现象［J］. 浙江大学学报（理学版），2005，32(2)：211 - 215

［115］费珍福，王树勋，何凯. 分形理论在语音信号端点检测及增强中的应用［J］. 吉林大学学报（信息科学版），2005，23(1)：139 - 142

［116］孙中伟，冯登国，武传坤. 基于弱信号检测理论的离散小波变换域数字水印盲检测算法［J］. 计算机研究与发展，2006，43(11)：1920 - 1926

［117］朱志宇，姜长生，张冰，等. 基于混沌理论的微弱信号检测方法［J］. 2005，24(5)：65 - 69

［118］侯楚林，熊萍，王德石. 基于互相关与混沌理论相结合的水下目标信号检测［J］. 2006，14(5)：17 - 19

［119］郑丹丹，张涛. 基于混沌理论的涡街微弱信号检测方法研究［J］. 2007，20(5)：1103 - 1108

［120］张汝华，杨晓光，储浩. 信号采样理论在交通流检测点布设中的应用［J］. 中国公路学报，2007，20(6)：105 - 110

［121］刘春霞，万秋华，李葆勇，等. Lissajou 图形观察法检测信号的理论依据［J］. 电子器件，2007，30(3)：1018 - 1020

［122］李月，杨宝俊，林红波，等. 基于特定混沌系统微弱谐波信号频率检测的理论分析与仿真［J］. 物理学报，2005，54(5)：1994 - 1999

［123］Wickens T D. Maximum-likelihood estimation of a multivariate Gaussian rating model with excluded data [J]. Journal of Mathematical Psychology, 1991 (36): 213 - 234

[124] Eagn J P. Signal detection theory and ROC analysis [M]. New York: Academic Press, 1975

[125] Swets J A, Pickett R M. Evaluation of diagnostic systems: Methods from signal detection theory [M]. New York: Academic Press, 1986

[126] Pickett G M, Grunhagen M, Grove S J. Signal Detection Theory: a tool to enhance retail service quality//American Marketing Association, Conference Proceedings [C], 2001, 12, ABI/INFORM Global: 379 - 380

[127] Green M, Swets A. Signal Detection Theory and Psychophysics [M]. Wiley, New York, NY, 1966

[128] Swets A. ROC analysis applied to the evaluation of medical imaging techniques [J]. Investigative Radiology, 1979, 14 (2):203 - 206

[129] Wickens T. Elementary Signal Detection Theory [M]. Oxford University Press, New York, NY, 2002

[130] Stanislaw H, Todorov N. Calculation of signal detection theory measures [J]. Behavior Research Methods, Instruments, and Computers,1999, 31 (1):137 - 149

[131] Narang P. Analysis of construction safety competencies using Fuzzy Signal Detection Theory [D]. Michigan State University, 2006

[132] 翟文正,全雪峰,王海龙,等. 基于 DSP 和混沌理论的微弱信号检测[J]. 2007,23 (2-3):200 - 201

[133] 盛骤,谢式千,潘承毅. 概率论与数理统计[M]. 北京:高等教育出版社,2000

[134] Darbra R M, Casal J. Historical analysis of accidents in seaports [J]. Safety Science, 2004, 42, 85 - 98

[135] Blackmon R B, Gramopadhye A K. Improving construction safety by providing positive feedback on backup alarms [J]. Journal of Construction Engineering and Management, 1995, Vol. 121, No 2, June

[136] Chi C F, Yang C C, Chen Z L. In-depth accident analysis of electrical fatalities in the construction industry [J]. International Journal of Industrial Ergonomics, 2008, doi:10. 1016/j. ergon. 2007. 12. 003

[137] 游战清,刘克胜,张艺强,等. 无线射频识别技术(RFID)规划与实施[M]. 北京:电子工业出版社,2004

[138] Navon R, Sacks R. Assessing research issues in Automated Project Performance Control (APPC) [J]. Automation in Construction, 2007 (16): 474 - 484

[139] Ergen E, Akinci B. An Overview of Approaches for Utilizing RFID in Construction Industry//Proceedings of RFID Eurasia[C], 1st Annual, 2007: 1 - 5

[140] Yagi J, Arai E, Arai T. Parts and packets unification radio frequency identification application for construction [J]. Automation in Construction, 2005 (14): 477 - 490

[141] Wang L C. Enhancing construction quality inspection and management using RFID technology [J]. Automation in Construction, 2008 (17): 467 - 479

[142] Wang L C, Lin Y C, Lin P H. Dynamic mobile RFID-based supply chain control and management system in construction [J]. Advanced Engineering Informatics, 2007 (21): 377 - 390

[143] Rittenberry R. Harnessing the Technology [J]. Occupational Health & Safety, 2006, 75(10): 30 - 30

[144] Yang H J, Yang S H. RFID Sensor Network: Network Architectures to integrate RFID, sensor and WSN [J]. Measurement and Control, 2007, 40(2): 56 - 59

[145] Li M, Liu Y. Underground Structure Monitoring with Wireless Sensor Networks//Proceedings of conference on Information processing in sensor networks[C], 2007, 69 - 78

[146] Sazonov E. Wireless intelligent sensor network for autonomous Structural Health Monitoring//Proceedings of the Society of Photo-optical Instrumentation Engineers (SPIE)[C], 2004, 5384: 305 - 314

[147] Paek J, Chintalapudi K, Govindan R, et al. A Wireless Sensor Network for Structural Health Monitoring: Performance and Experience//Proceedings of Embedded Networked Sensors (EmNetS-II)[C], 2005, 1 - 10

[148] Jang W S. Embedded System for Construction Material Tracking Using Combination of Radio Frequency and Ultrasound Signal [D]. University of Maryland, USA, 2007

[149] Guo Y, Manatunga A K. Modeling the Agreement of Discrete Bivariate Survival Times using Kappa Coefficient [J]. Lifetime Data Analysis, 2005 (11): 309 - 332

[150] Gorelick M H, Yen K. The kappa statistic was representative of empirically observed inter-rater agreement for physical findings [J]. Journal of Clinical Epidemiology, 2006 (59): 859 - 861

[151] Yang H J, Yao F, Yang S H. Zigbee Enabled Radio Frequency Identification System//Proceedings of the IASTED International Conference Communication Systems, Networks, and Applications[C], Beijing, China, 2007, 8 - 10

[152] Taneja S, Akinci B, Garrett J H, et al. Sensing and field data capture for construction and facility operations [J]. Journal of construction engineering and management. 2010, 137(10): 870 - 881

附　　录

附录 1　关于前馈信号的调查问卷

PREVENTING FALLS FROM SCAFFOLD QUESTIONNAIRE

Introduction

This questionnaire forms part of a joint research project between Loughborough University, UK and Southeast University, China.

This research is seeking to develop an approach where the events that may lead to an accident can be identified ahead of time, as precursors, such that action could be taken to avoid the accident. This is similar to a structured method of learning from near misses.

For this questionnaire we would like you to assume the scenario of operatives working on a scaffold. We would like you to record your view of the significance of each of the following actions, in-actions or conditions in contributing to a 'fall from height' accident (These have been identified from a study of accident reports).

All responses to this questionnaire will be treated as strictly confidential and all comments will be anonymous. The data collected in the study will be used for academic purposes only.

Questionnaire

Working close to an area of scaffold where there are missing boards or voids. [FS1] ⋯⋯⋯⋯⋯⋯⋯	VS	SS	LS	NS
Holding something and walking (or stepping) backwards without looking. [FS2] ⋯⋯⋯⋯⋯⋯⋯⋯⋯	VS	SS	LS	NS
A worker removes a scaffold board or plank and no one rectifies the void immediately. [FS3] ⋯⋯⋯⋯⋯	VS	SS	LS	NS
Some boards are missing from the scaffold. [FS4]⋯⋯⋯	VS	SS	LS	NS
Working without sufficient operative fall protection. [FS5] ⋯⋯⋯⋯⋯⋯⋯⋯⋯⋯⋯⋯⋯⋯⋯⋯⋯⋯	VS	SS	LS	NS
Working on a scaffold in or after a rainy weather. [FS6] ⋯⋯⋯⋯⋯⋯⋯⋯⋯⋯⋯⋯⋯⋯⋯⋯⋯⋯	VS	SS	LS	NS

Working on a scaffold with poor lighting. [FS7] ……	VS	SS	LS	NS
Working on a scaffold with no guard railings. [FS8] ……	VS	SS	LS	NS
Doing tasks on a scaffold that involve dynamic forces (eg cleaning out concrete pump pipes). [FS9] ……………	VS	SS	LS	NS
Leaning back onto the guardrails. [FS10] ……………	VS	SS	LS	NS
Stepping from scaffold onto the building or structure (or visa vessa). [FS11] …………………………………	VS	SS	LS	NS
Set up/remove/move the scaffold or planks in an incorrect procedure. [FS12] …………………………	VS	SS	LS	NS
Use an unchecked scaffold. [FS13] …………………	VS	SS	LS	NS
Stand too close to an end of planks that are not fully restrained. [FS14] …………………………………	VS	SS	LS	NS
Lose balance on the scaffold. [FS15] …………………	VS	SS	LS	NS
Try to climb off the scaffold not using the ladder. [FS16] …………………………………………………	VS	SS	LS	NS
Worker on the scaffold has a heart disease. [FS17] …	VS	SS	LS	NS
Unhooking from one area lifeline without securing to the new area lifeline. [FS18] …………………………	VS	SS	LS	NS
Using a 'standard' ladder in conjunction with a mobile tower scaffold. [FS19] …………………………	VS	SS	LS	NS
Lift arm of the hoist (material/personel) is not tied down when repairing the hoist. [FS20] ………………	VS	SS	LS	NS
If all these precursors were identified and eliminated, what would be the effect on a potential fall from scaffold accident? [OT1] …………………………………	Very likely to prevent	Likely to prevent	May prevent	Unlikely to prevent
Will identifying & learning from the causes of previous accidents be likely to prevent future accidents? [OT2] …………………………………	Very likely	Likely	Maybe	Unlikely
Would a tool that identified hazardous actions/conditions as precursors to accidents be useful for construction sites? [OT3] …………………………………	Very useful	Some useful	Little useful	None useful
Can the UK learn from studying accidents in other countries (eg USA)? [OT4] …………………………	Definitely	Probably	Maybe	Not

In your experience, are there any other important precursor actions or conditions to do with falls from scaffolds that have not been identified above? If any, please state:

………………………………………………………………………………………………

………………………………………………………………………………………………

Some Questions about You

We will not use this information in any way to identify you as an individual.

[Y—1] How old are you?

☐ 20 or below　　　☐ 20~30　　　☐ 30~40　　　☐ 40~50

☐ 50~60　　　☐ Over 60

[Y—2] How many years have you been working on construction sites in UK?

☐ 1 year or below　　☐ 2~5 years　　☐ 6~10 years　　☐ 11~15 years

☐ over 16 years

[Y—3] What is your highest level of education?

☐ Up to 16yrs (O Level/GCSE)　　　☐ Post 16 (A Level, BTEC etc)

☐ Further Education

☐ College (BTec, HND etc)　　　☐ University (Degree)

[Y—4] Which of the following best describes your current job type?

☐ General labourer　　　　☐ Semi-skilled trade

☐ Skilled trade

☐ H & S advisor　　　　☐ Manager/Supervisor

☐ Other (please state)

Contacting information

* * * * * * * *

THANK YOU FOR YOUR TIME AND VALUABLE CONTRIBUTION TO THIS STUDY

附录2　Kappa 统计值及相关指标的电子表格计算界面示意

附录 3　估算中使用的相关数据

组别	前馈信号及其组合	观察期内发生次数	组别	前馈信号及其组合	观察期内发生次数
G_1	λ_1	172	G_1	λ_1，λ_2，λ_4	37
	λ_2	195		λ_1，λ_2，λ_5	32
	λ_3	84		λ_1，λ_3，λ_4	34
	λ_4	87		λ_1，λ_3，λ_5	27
	λ_5	891		λ_1，λ_4，λ_5	26
	λ_1，λ_2	141		λ_2，λ_3，λ_4	36
	λ_1，λ_3	60		λ_2，λ_3，λ_5	24
	λ_1，λ_4	63		λ_2，λ_4，λ_5	23
	λ_1，λ_5	108		λ_3，λ_4，λ_5	25
	λ_2，λ_3	55		λ_1，λ_2，λ_3，λ_4	14
	λ_2，λ_4	56		λ_1，λ_2，λ_3，λ_5	18
	λ_2，λ_5	124		λ_1，λ_2，λ_4，λ_5	17
	λ_3，λ_4	52		λ_1，λ_3，λ_4，λ_5	16
	λ_3，λ_5	36		λ_2，λ_3，λ_4，λ_5	19
	λ_4，λ_5	34		λ_1，λ_2，λ_3，λ_4，λ_5	5
	λ_1，λ_2，λ_3	35			
G_2	λ_5	891			
G_3	λ_5	891	G_3	λ_5，λ_7	25
	λ_6	102		λ_6，λ_7	26
	λ_7	46		λ_5，λ_6，λ_7	12
	λ_5，λ_6	42			
G_4	λ_5	891	G_4	λ_5，λ_9	9
	λ_8	257		λ_8，λ_9	7
	λ_9	17		λ_5，λ_8，λ_9	5
	λ_5，λ_8	231			
G_5	λ_5	891	G_5	λ_5，λ_{10}	8
	λ_8	257		λ_8，λ_{10}	6
	λ_{10}	24		λ_5，λ_8，λ_{10}	6
	λ_5，λ_8	231			

组别	前馈信号及其组合	观察期内发生次数	组别	前馈信号及其组合	观察期内发生次数
G_6	λ_5	891	G_6	λ_5，λ_{11}	40
	λ_{11}	126			
G_7	λ_5	891	G_7	λ_5，λ_{12}	67
	λ_{12}	161			
G_8	λ_5	891	G_8	λ_5，λ_8	231
	λ_6	102		λ_6，λ_8	22
	λ_8	257		λ_5，λ_6，λ_8	21
	λ_5，λ_6	42			
G_9	λ_5	891	G_9	λ_5，λ_8	76
	λ_8	257			
G_{10}	λ_5	891	G_{10}	λ_5，λ_{13}	58
	λ_{13}	114			
G_{11}	λ_5	891	G_{11}	λ_5，λ_{14}	7
	λ_{14}	12			
G_{12}	λ_5	891	G_{12}	λ_5，λ_{11}	40
	λ_8	257		λ_8，λ_{11}	31
	λ_{11}	126		λ_5，λ_8，λ_{11}	27
	λ_5，λ_8	231			
G_{13}	λ_2	195	G_{13}	λ_2，λ_8	29
	λ_5	891		λ_5，λ_8	231
	λ_8	257		λ_2，λ_5，λ_8	21
	λ_2，λ_5	124			
G_{14}	λ_5	891	G_{14}	λ_5，λ_{15}	17
	λ_{15}	32			
G_{15}	λ_5	891	G_{15}	λ_5，λ_{16}	52
	λ_{16}	107			
G_{16}	λ_5	891	G_{16}	λ_5，λ_{17}	32
	λ_{17}	82			
G_{17}	λ_{18}	2			

组别	前馈信号及其组合	观察期内发生次数	组别	前馈信号及其组合	观察期内发生次数
G_{18}	λ_5	891	G_{18}	λ_5 , λ_{12}	67
	λ_8	257		λ_8 , λ_{12}	14
	λ_{12}	161		λ_5 , λ_8 , λ_{12}	12
	λ_5 , λ_8	231			
G_{19}	λ_5	891	G_{19}	λ_{12} , λ_{19}	11
	λ_{12}	161		λ_{16} , λ_{19}	13
	λ_{16}	107		λ_5 , λ_{12} , λ_{16}	12
	λ_{19}	16		λ_5 , λ_{12} , λ_{19}	7
	λ_5 , λ_{12}	67		λ_5 , λ_{16} , λ_{19}	6
	λ_5 , λ_{16}	52		λ_{12} , λ_{16} , λ_{19}	8
	λ_5 , λ_{19}	13		λ_5 , λ_{12} , λ_{16} , λ_{19}	3
	λ_{12} , λ_{16}	65			
G_{20}	λ_5	891	G_{20}	λ_5 , λ_{20}	13
	λ_{20}	27			
G_{21}	λ_1	172	G_{21}	λ_1 , λ_{12}	86
	λ_5	891		λ_5 , λ_{12}	67
	λ_{12}	161		λ_1 , λ_5 , λ_{12}	16
	λ_1 , λ_5	108			
G_{22}	λ_1	172	G_{22}	λ_1 , λ_5	108
	λ_2	195		λ_2 , λ_5	124
	λ_5	891		λ_1 , λ_2 , λ_5	32
	λ_1 , λ_2	141			
G_{23}	λ_5	891	G_{23}	λ_8 , λ_{17}	9
	λ_8	257		λ_{15} , λ_{17}	19
	λ_{15}	32		λ_5 , λ_8 , λ_{15}	8
	λ_{17}	82		λ_5 , λ_8 , λ_{17}	6
	λ_5 , λ_8	231		λ_5 , λ_{15} , λ_{17}	9
	λ_5 , λ_{15}	17		λ_8 , λ_{15} , λ_{17}	7
	λ_5 , λ_{17}	32		λ_5 , λ_8 , λ_{15} , λ_{17}	3
	λ_8 , λ_{15}	10			

注:1. 为了清楚地表示各个组可能的前馈信号,各组重复的数据在表中并没有省略;但在计算前馈信号的总数的时候,考虑了重复数据的影响,在总数中减去了各个组之间重复的数据。

2. 在去除了所有重复数据后,总和为 2 554。

3. 数据是假设在 3 个月内观察到的情况。

附录 4　安全信号参数估计中使用的相关数据

序号	前馈信号及其组合	风险计算值	发生次数	实际情况下是"安全"的次数
10	λ_2，λ_3	6.50E—03	55	40
14	λ_3，λ_5	9.92E—03	36	30
15	λ_4，λ_5	1.05E—02	34	20
16	λ_1，λ_2，λ_3	1.02E—02	35	15
17	λ_1，λ_2，λ_4	9.66E—03	37	30
18	λ_1，λ_2，λ_5	1.12E—02	32	20
19	λ_1，λ_3，λ_4	1.05E—02	34	20
20	λ_1，λ_3，λ_5	1.32E—02	27	10
23	λ_2，λ_3，λ_5	1.49E—02	24	12
24	λ_2，λ_4，λ_5	1.55E—02	23	9
25	λ_3，λ_4，λ_5	1.43E—02	25	13
27	λ_1，λ_2，λ_3，λ_5	1.98E—02	18	1
30	λ_2，λ_3，λ_4，λ_5	1.88E—02	19	1
33	λ_7	5.38E—03	46	40
37	λ_5，λ_6，λ_7	2.06E—02	12	1
39	λ_9	6.47E—03	17	10
41	λ_5，λ_9	1.22E—02	9	5
44	λ_{10}	3.43E—03	24	20
51	λ_5，λ_{12}	1.39E—02	67	10
52	λ_6，λ_8	1.12E—02	22	10
55	λ_5，λ_{13}	1.23E—02	58	30
58	λ_8，λ_{11}	1.15E—02	31	20
61	λ_2，λ_5，λ_8	1.57E—02	21	5
62	λ_{15}	7.73E—03	32	10
66	λ_{17}	4.02E—03	82	30
71	λ_{19}	8.59E—03	16	15
73	λ_{12}，λ_{16}	2.11E—03	65	10
74	λ_{12}，λ_{19}	1.25E—02	11	5
77	λ_5，λ_{12}，λ_{19}	1.96E—02	7	1

续表

序号	前馈信号及其组合	风险计算值	发生次数	实际情况下是"安全"的次数
79	λ_{12},λ_{16},λ_{19}	1.72E—02	8	2
81	λ_{20}	8.14E—03	27	25
82	λ_5,λ_{20}	1.69E—02	13	4
83	λ_1,λ_{12}	1.92E—03	86	10
89	λ_5,λ_8,λ_{17}	1.83E—02	6	1

注:1. E—02 表示×10^{-2},如 1.57E—02 表示 1.57×10^{-2}。

2. "实际情况下为安全的次数"是根据实际情况进行的假设数据。

3. 风险计算值来源于表 4.6;发生次数来源于附录 3。

附录 5　危险信号参数估计中使用的相关数据

序号	前馈信号及其组合	风险计算值	发生次数	实际情况下是"安全"的次数
23	λ_2 ,λ_3 ,λ_5	1.49E—02	24	5
24	λ_2 ,λ_4 ,λ_5	1.55E—02	23	2
26	λ_1 ,λ_2 ,λ_3 ,λ_4	2.55E—02	14	7
27	λ_1 ,λ_2 ,λ_3 ,λ_5	1.98E—02	18	14
28	λ_1 ,λ_2 ,λ_4 ,λ_5	2.10E—02	17	10
30	λ_2 ,λ_3 ,λ_4 ,λ_5	1.88E—02	19	18
37	λ_5 ,λ_6 ,λ_7	2.06E—02	12	11
42	λ_8 ,λ_9	1.57E—02	7	7
43	λ_5 ,λ_8 ,λ_9	2.20E—02	5	5
45	λ_5 ,λ_{10}	1.03E—02	8	1
46	λ_8 ,λ_{10}	1.37E—02	6	2
47	λ_5 ,λ_8 ,λ_{10}	1.37E—02	6	2
57	λ_5 ,λ_{14}	1.57E—02	7	7
69	λ_8 ,λ_{12}	1.18E—02	14	2
77	λ_5 ,λ_{12} ,λ_{19}	1.96E—02	7	4
78	λ_5 ,λ_{16} ,λ_{19}	2.29E—02	6	5
79	λ_{12} ,λ_{16} ,λ_{19}	1.72E—02	8	6
81	λ_{20}	8.14E—03	27	2
82	λ_5 ,λ_{20}	1.69E—02	13	9
89	λ_5 ,λ_8 ,λ_{17}	1.83E—02	6	5
90	λ_5 ,λ_{15} ,λ_{17}	1.22E—02	9	2

注:1. E—02 表示 $\times 10^{-2}$,如 1.57E—02 表示 1.57×10^{-2}。

　2. "实际情况下为危险的次数"是根据实际情况进行的假设数据。

　3. 风险计算值来源于表 4.6;发生次数来源于附录 3。